Java核心技术系列

深入解析
Java虚拟机HotSpot

Dive into Java HotSpot VM

杨易 著

机械工业出版社
China Machine Press

图书在版编目（CIP）数据

深入解析 Java 虚拟机 HotSpot / 杨易著 . —北京：机械工业出版社，2021.1（2023.1 重印）
（Java 核心技术系列）

ISBN 978-7-111-67031-5

I. 深… II. 杨… III. ① JAVA 语言 – 程序设计 ②虚拟处理机 IV. ① TP312.8 ② TP338

中国版本图书馆 CIP 数据核字（2020）第 244158 号

深入解析 Java 虚拟机 HotSpot

出版发行：机械工业出版社（北京市西城区百万庄大街 22 号　邮政编码：100037）

责任编辑：李　艺　　　　　　　　　　责任校对：李秋荣

印　　刷：固安县铭成印刷有限公司　　版　　次：2023 年 1 月第 1 版第 3 次印刷

开　　本：186mm×240mm　1/16　　　印　　张：16.75

书　　号：ISBN 978-7-111-67031-5　　定　　价：79.00 元

客服电话：（010）88361066　68326294

为何写作本书

Java 语言已经走过了 20 多个年头，在此期间虽然新语言层出不穷，但是都没有撼动 Java 的位置。可能是历史选择了 Java，也可能是 Java 改变了历史，总之，Java 无疑是一门成功的编程语言。这门语言之所以能如此成功，高性能语言虚拟机 HotSpot 功不可没。

客观地说，HotSpot VM 是目前顶级的语言虚拟机之一，它的模板解释器是语言解释器的最终状态，除非有重大技术突破和方法论的改变，否则很难被超越。它的垃圾回收器也日臻完善，新的无停顿 GC 的出现标志着 JVM 正在迈向 GC 顶级俱乐部。它的即时编译器是权衡编译开销与应用吞吐量后得到的一个卓越且精湛的艺术品。

本书始于笔者博客上的系列文章，随着博文连载，便想将博文整理成册，以系统性地讨论 HotSpot VM。鉴于 OpenJDK 社区将 HotSpot VM 分为运行时、编译器、垃圾回收器三个部分，本书也采用这种划分方式来组织内容。

本书读者对象

本书内容涉及较多的源码分析，所以除了需要读者具有基本的 Java/JVM 知识，也需要读者具有基本的 C++ 语言常识。本书适合那些希望在 Java 语言方面有进一步提升的开发者，也适合任何对 JVM 底层感兴趣且想要一探究竟的开发者。同时，对编译器或垃圾回收器感兴趣的读者也能从中受益。

本书特色

本书既考虑到内容的广度也关注了技术的深度，详细描述了虚拟机的底层实现，并与上层 Java 语言或者库结合，以实用为目标展开介绍，同时还讨论了它们的深刻意义。

从内容广度的角度看，本书除了讨论耳熟能详的 Java 虚拟机技术外，还详细讨论了业界最新的通用虚拟机平台 Graal VM、CDS/AppCDS/DynamicCDS、Instrumentation 库、编译重放、非标准字节码、栈上替换，RTM 锁、JIT 编译器 IR、JIT 编译器可视化工具、编译逃离、EpsilonGC/ShenandoahGC/ZGC、G1 字符串去重等技术，其中部分技术代表了社区的最新动向。

从内容深度的角度看，本书详细讨论了：

- G1 GC 的回收策略和底层代码实现；
- C1 编译器的 HIR 和 LIR，以及针对不同 IR 上应用的优化；
- C2 编译器的 Ideal Graph 以及平台无关的优化技术；
- CPU 重排序与 ObjectMonitor、Mutex 的底层实现；
- 模板解释器的代码片段生成逻辑和字节码模板生成逻辑；

……

其中涉及的部分技术是 Java 虚拟机高性能的最终保证。

如何阅读本书

本书共 11 章，参考 OpenJDK 社区的划分方式，全书从逻辑上可分为运行时、编译器、垃圾回收器三个部分。

- 第一部分（第 1 ～ 6 章），介绍 Java 虚拟机运行时的相关知识；
- 第二部分（第 7 ～ 9 章），介绍编译基础知识和虚拟机的两个即时编译器；
- 第三部分（第 10 ～ 11 章），介绍各种垃圾回收器并深入分析 G1 GC。

每个部分总体侧重某一个大的方向，但每个章节的独立性都较强，各章节间没有必然的联系。对于 Java 虚拟机相关技术知识储备充足、经验丰富的读者，可以按目录"索骥"，选择自己感兴趣的内容阅读。当然，推荐从第 1 章开始顺序阅读。

另外，因为 HotSpot 源码很多，出于篇幅考虑，本书在进行代码分析时，大多只给出了代码片段或者主要的函数名称，故建议读者使用带有全局文本搜索功能的编辑器或者 IDE（如 VSCode、IntelliJ IDEA、Sublime Text）来阅读本书。

资源和勘误

由于水平有限，加之时间仓促，书中难免存在疏漏和错误之处，在此恳请读者批评指正，勘误、建议、技术讨论请致信 kelthuzadx@qq.com，愿与读者共同进步。

致谢

感谢机械工业出版社杨福川编辑在本书选题和方向上给予的肯定和支持，感谢李艺编辑对本书行文措辞的润色和修改，他们的帮助、支持给予了我不竭的动力。

感谢我的同事和同学，与他们进行的"苏格拉底式"的讨论让我了解了自身知识的缺陷和漏洞。

感谢彭飞认真细致地审稿，他利用业余时间审阅并帮助我完善了第二部分编译相关的内容。

感谢我的父母和女朋友，他们是我最珍视的人，是永远支持我的人。

本书写作历时一年有余，写作期间得到了许多朋友的帮助和支持，在此表示衷心感谢。

目　录 *Contents*

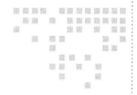

第 1 章 *Chapter 1*

Java 大观园

作为本书的开篇，本章将围绕 Java 的生态系统，简单介绍 JDK、JVM、JEP，引导读者走进虚拟机的世界。

1.1　OpenJDK

OpenJDK 原是 Sun MicroSystems 公司（下面简称 Sun 公司）为 Java 平台构建的 Java 开发环境，于 2009 年 4 月 15 日由 Sun 公司正式发布。后来 Oracle 公司在 2010 年收购 Sun 公司，接管了这项工作。

随着 OpenJDK 的发布，越来越多的公司和组织都基于 OpenJDK 深度定制了一些独具特色的 JDK 分支，为用户提供更多选择。例如，国内厂商阿里巴巴的 Dragonwell 支持 JWarmup，可以让代码在灰度环境预热编译后供生产环境直接使用；腾讯的 Kona 8 将高版本的 JFR 和 CDS 移植到 JDK 8 上；龙芯 JDK 支持包含 JIT 的 MIPS 架构，而非 Zero 的解释器版本；国外厂商 Amazon、Azul、Google、Microsoft、Red Hat、Twitter 等都有维护自用或者开源的 JDK 分支。

回到 OpenJDK 本身。OpenJDK 包含很多子项目，它们大都是为了实现某一较大的特性而立项，关注它们可以了解 Java 社区的最新动向和研究方向。一些重要和有趣的子项目如下所示。

1）Amber：探索与孵化一些小的、面向生产力提升的 Java 语言特性。Amber 项目的贡献包括模式匹配、Switch 表达式、文本块、局部变量类型推导等语言特性。

2）Coin：决定哪些小的语言改变会添加进 JDK7。常用的钻石形式的泛型类型推导语法以及 try-with-resource 语句都来自 Coin 项目。

3）Graal：Graal 最初是基于 JVMCI 的编译器，后面进一步发展出 Graal VM，旨在开发一个通用虚拟机平台，允许 JavaScript、Python、Ruby、R、JVM 等语言运行在同一个虚拟机上而不需要修改应用自身的代码。

4）Jigsaw：Jigsaw 孵化了 Java 9 的模块系统。

5）Kulla：实现一个交互式 REPL 工具，即 JEP 222 的 JShell 工具。

6）Loom：探索与孵化 JVM 特性及 API，并基于此构建易用、高吞吐量的轻量级并发与编程模型。目前 Loom 的研究方向包括协程、Continuation、尾递归消除。

7）Panama：沟通 JVM 和机器代码，研究方向有 Vector API 和新一代 JNI。

8）Shenandoah：拥有极低暂停时间的垃圾回收器。相较并发标记的 CMS 和 G1，Shenandoah 增加了并发压缩功能。

9）Sumatra：让 Java 程序享受 GPU、APU 等异构芯片带来的好处。目前关注于让 GPU 在 HotSpot VM 代码生成、运行时支持和垃圾回收上发挥作用。

10）Tsan：为 Java 提供 Thread Sanitizer 检查工具，可以检查 Java 和 JNI 代码中潜在的数据竞争。

11）Valhalla：探索与孵化 JVM 及 Java 的语言特性，主要贡献有备受瞩目的值类型（Value Type）、嵌套权限访问控制（Nest-based Access Control），以及对基本类型作为模板参数的泛型支持。

12）ZGC：低延时、高伸缩的垃圾回收器。它的目标是使暂停时间不超过 10ms，且不会随着堆变大或者存活对象变多而变长，同时可以接收（包括但不限于）小至几百兆，大至数十 T 的堆。ZGC 的关键字包括并发、Region、压缩、支持 NUMA、使用着色指针、使用读屏障。

1.2 JEP

JEP（Java Enhancement Proposal）即 Java 改进提案。所谓提案是指社区在某方面

的努力，比如在需要一次较大的代码变更，或者某项工作的目标、进展、结果值得广泛讨论时，就可以起草书面的、正式的 JEP 到 OpenJDK 社区。每个 JEP 都有一个编号，为了方便讨论，通常使用 JEP ID 代替某个改进提案。

JEP 之于 Java 就像 PEP 之于 Python、RFC 之于 Rust，它代表了 Java 社区最新的工作动向和未来的研究方向。在较大的 Java/JVM 特性实现前通常都有 JEP，它是 Java 社区成员和领导者多轮讨论的结果。JEP 描述了该工作的动机、目标、详细细节、风险和影响等，通过阅读 JEP（如果有的话），可以更好地了解 Java/JVM 某个特性。下面摘录了一些较新的 JEP，注意，处于"草案"和"候选"状态的 JEP 不能保证最终会被加入 JDK 发行版。

1）JEP 386（候选）：将 OpenJDK 移植到 Alpine Linux/x64。Alpine 是一个极简的 Linux 发行版，作为 Docker 基础镜像，它的大小不到 6MB，被广泛用于程序的云部署，但是 Alpine 使用 musl 作为 C 语言运行时库，与广泛使用的 glibc 有些出入，而 JEP 386 可以很好地解决这个问题。

2）JEP 378：Java 文本块。文本块即多行的字符串字面值，其功能类似于其他编程语言的 raw 字符串功能，不需要为大多数特殊字符转义。将于 JDK 15 发布。

3）JEP 337（候选）：让高性能计算和云端程序充分利用网络硬件并不容易，当前 JDK 的网络 API 使用操作系统内核的 socket 协议，在数据传输时涉及内核态和用户态的多次切换，会影响内存带宽和 CPU 周期。为了改善这种情况，Java 准备拟定实现 rsocket 协议，允许网络 API 访问远端内存（RDMA），提高吞吐量并降低网络延时。

4）JEP 369：使用 GitHub 作为 OpenJDK 的 Git 仓库。

5）JEP 384：提供 Java 记录支持。很多人都说 Java 不灵活，比如 equals/hashCode 等写起来太长了。在 Spring 或者一些 RPC 框架中，有时候仅仅想写一个单纯用作数据传输的类，也少不了要写一大堆重复方法和近乎刻板的 getter/setter、toString、hashCode 等方法，而且容易出错。尽管 IDE 或者框架可以自动生成这些类，但是它们没有明确指出该类是 POJO 类，仅供数据传输使用。实际上，很多语言都可以声明只携带数据的类，如 Scala 的 case 类，Kotlin 的 data 类以及 C# 的 record 类，它们被证明是很有用的。为此，Java 15 将使用记录 record 来建模 POJO 类，从而方便简洁地声明某个类只携带数据，而不会改变类的状态，同时自动实现一些用于数据生产 / 消费的方法。

另一个常常与 JEP 一起出现的是 JSR（Java Specification Request，Java 规范提案）。有时人们想开发一些实验性特性，例如探索新奇的点子、实现特性的原型，或者增强当前特性，在这些情况下都可以提出 JEP，让社区也参与实现或者讨论。这些 JEP 中的少数可能会随着技术的发展愈发成熟，此时，JSR 可以将这些成熟的技术提案进一步规范化，产生新的语言规范，或者修改当前语言规范，将它们加入 Java 语言标准中。

1.3 Java 虚拟机

简单定义下的 JDK 包括 Java 虚拟机和 Java 语言库，除了 JDK 级别的深度定制，历史上也存在许多 Java 虚拟机实现。

1）Graal VM：有一统天下野心的通用语言虚拟机平台，具体将在 1.5 节详细讨论。

2）Substrate VM：在静态编译时分析并发现代码依赖的所有 JDK 类和用户类，然后完全使用静态编译将它们打包成一个独立的二进制程序，具体将在 1.5 节详细讨论。

3）JRockit JVM：曾是最快的 Java 虚拟机，主要面向服务端应用场景，不提供解释器，所有 Java 代码均使用 JIT 编译。JRockit 的 JFR（Java Flight Record，Java 飞行记录器）功能现已被吸收进 HotSpot VM。

4）Apache Harmony：Apache 基金会主导的开源 Java 虚拟机项目，由于 Sun 公司的态度导致 Harmony 项目只有一个受限的 TCK，在 Oracle 公司收购 Sun 公司后冲突进一步延续。出于这些原因，Apache 基金会宣布退出 JCP，同时 Harmony 的主导者 IBM 加入 OpenJDK 项目，Harmony 日渐衰落。

5）Dalvik：为 Android 系统量身定做的基于寄存器的虚拟机实现。将 .class 转换为专属的 .dex 然后运行。.dex 是转为 Dalvik 设计的一种压缩格式，适合内存和处理器速度有限的系统。

6）ART：为 Android 系统量身定做的虚拟机，用于替换之前的 Dalvik。Dalvik 虚拟机每次运行应用程序时都需要经过 JIT 编译器，而使用 ART（Android Runtime）后，在安装应用程序时字节码就会被 AOT 编译为机器代码，加快了应用程序的启动时间，同时减少了运行时内存占用。

7）Jikes RVM：使用 Java 语言实现的 Java 虚拟机，这种使用 X 语言实现的 X 语言（或者 X 语言的运行时环境）虚拟机也被称为元语言循环虚拟机。

8）Azul Zing VM：拥有领先业界数十年的 C4 垃圾回收器和基于 LLVM 的 JIT 编译器 Falcon。

9）IBM J9VM：高度模块化的虚拟机，它将一些组件如垃圾回收器、JIT 编译器、检测工具等单独抽离出来构成了 IBM OMR 项目。

10）Microsoft JVM：微软为了让 IE 运行 Java Applets 开发的仅用于 Windows 平台的 Java 虚拟机，是当时 Windows 平台上性能最好的虚拟机，但是微软在 1997 年被 Sun 公司以侵犯商标等罪名控告并输掉了官司后，也终止了 Microsoft JVM 的开发。

除了以上提到的 Java 虚拟机外，还有"冠绝天下"的虚拟机 HotSpot VM，它也是本书的主角。

1.4　HotSpot VM

横看成岭侧成峰，远近高低各不同。不同的人从不同的角度看到的 HotSpot VM 也不尽相同。

从 Java 应用开发者的角度出发，虚拟机如图 1-1 所示。

Java应用开发者视角

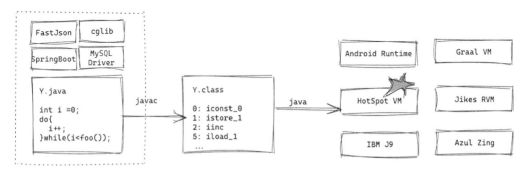

图 1-1　Java 应用开发者眼中的虚拟机

Java 应用开发者关注 Java 语言，关注应用的实现和库的实现，用合法的 Java 代码表达思想，通过编译器工具编译产出字节码交给虚拟机运行。在他们眼中虚拟机是一个黑盒，所以更期望虚拟机的行为能遵循 Java 相关规范，这样才能放心地用语言集实现应用程序或库，进而供用户使用。

虚拟机开发者关注虚拟机内部，在他们眼中，虚拟机不再是黑盒，而是各个组件根据规则交互的一套"Java 操作系统"。当上层应用出现问题时，他们可以从虚拟机层找出问题致因，当上层语言需要新特性、新功能，或者下层操作系统提供新特性时，他们可以在虚拟机层实现，然后以某种方式暴露给上层。

从虚拟机开发者的角度出发，虚拟机如图 1-2 所示。

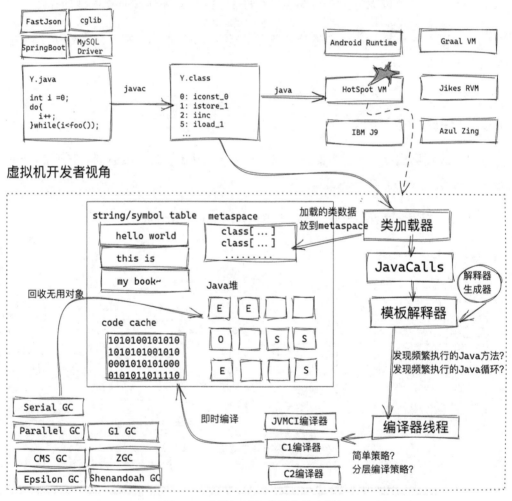

图 1-2　虚拟机开发者眼中的虚拟机

本书将从虚拟机开发者的角度深入虚拟机内部，了解各个组件的具体实现和交互方式，探索虚拟机层是如何实现上层特性的。

1.4.1　源码模块

本书主要描述位于 openjdk/src/hotspot 目录的 Java 虚拟机 HotSpot VM 的实现。HotSpot VM 根据目录可以分为很多模块，每个模块的功能大致如下。

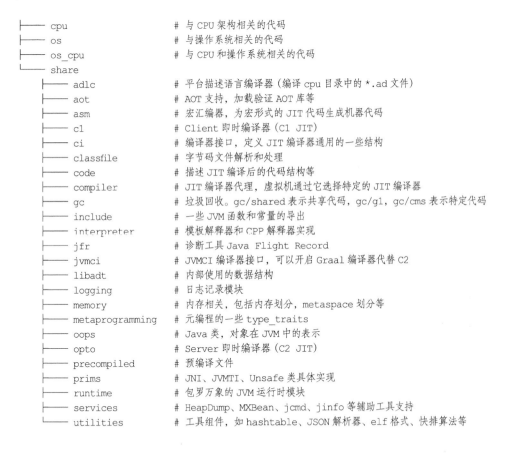

```
├── cpu                   # 与 CPU 架构相关的代码
├── os                    # 与操作系统相关的代码
├── os_cpu                # 与 CPU 和操作系统相关的代码
└── share
    ├── adlc              # 平台描述语言编译器（编译 cpu 目录中的 *.ad 文件）
    ├── aot               # AOT 支持，加载验证 AOT 库等
    ├── asm               # 宏汇编器，为宏形式的 JIT 代码生成机器代码
    ├── c1                # Client 即时编译器（C1 JIT）
    ├── ci                # 编译器接口，定义 JIT 编译器通用的一些结构
    ├── classfile         # 字节码文件解析和处理
    ├── code              # 描述 JIT 编译后的代码结构等
    ├── compiler          # JIT 编译器代理，虚拟机通过它选择特定的 JIT 编译器
    ├── gc                # 垃圾回收。gc/shared 表示共享代码，gc/g1, gc/cms 表示特定代码
    ├── include           # 一些 JVM 函数和常量的导出
    ├── interpreter       # 模板解释器和 CPP 解释器实现
    ├── jfr               # 诊断工具 Java Flight Record
    ├── jvmci             # JVMCI 编译器接口，可以开启 Graal 编译器代替 C2
    ├── libadt            # 内部使用的数据结构
    ├── logging           # 日志记录模块
    ├── memory            # 内存相关，包括内存划分，metaspace 划分等
    ├── metaprogramming   # 元编程的一些 type_traits
    ├── oops              # Java 类，对象在 JVM 中的表示
    ├── opto              # Server 即时编译器（C2 JIT）
    ├── precompiled       # 预编译文件
    ├── prims             # JNI、JVMTI、Unsafe 类具体实现
    ├── runtime           # 包罗万象的 JVM 运行时模块
    ├── services          # HeapDump、MXBean、jcmd、jinfo 等辅助工具支持
    └── utilities         # 工具组件，如 hashtable、JSON 解析器、elf 格式、快排算法等
```

1.4.2　构建和调试

本书涉及的源码是 jdk-12+31，操作系统为 macOS 10.15.2，CPU 型号为 Intel Core i7，JDK 构建使用 slowdebug 类型（以下构建演示使用 fastdebug 类型）。如无特殊说明，书中均基于该配置分析和描述源码。为了方便读者自行尝试，这里给出在三大主流操作系统上构建 OpenJDK 和断点调试 HotSpot VM 的方式。

1. 在 Windows 上构建，用 Visual Studio 调试

下载并编译好 freetype，然后安装 cygwin 及必要工具，如 autoconf、make、zip、unzip，打开 cygwin，进入源码目录输入命令进行编译，如代码清单 1-1 所示：

代码清单 1-1　Windows 编译

```
$ ./configure
--with-freetype-include=/your_path/freetype-2.9.1/src/include
--with-freetype-lib=/your_path/freetype-2.9.1/lib
--with-boot-jdk=/your_path/openjdk-12-x64_bin
--disable-warnings-as-errors
--with-toolchain-version=2017
--with-target-bits=64 --enable-debug
$ make all                  # 构建 OpenJDK
$ make hotspot-ide-project  # 生成 vs 项目文件
```

生成的 vs 工程文件位于 build 目录下的 ide/hotspot-visualstudio/jvm.vcproj 中，使用 Visual Studio 双击载入即可，在菜单栏选择 server-fastdebug 即可开始调试。在调试时若遇到如图 1-3 所示的异常提示（safefetch32 抛出异常），属于正常情况，继续调试即可。该异常会被外部 SEH 捕获。

图 1-3　Visual Studio 调试

2. 在 macOS 上构建，用 Xcode 调试

可以在 macOS 平台下载 brew，然后使用 brew 安装 hg、freetype、ccache，如代码清单 1-2 所示：

代码清单 1-2　macOS 编译

```
$ brew install ccache
$ brew install freetype
$ cd openjdk12
$ chmod +x configure
$ ./configure --enable-ccache --witt-debug-level=fastdebug
$ make all # or make hotspot
```

一切完成后，openjdk12/build/macos-x86_64-server-fastdebug/jdk 就是编译产出。打开 Xcode 创建一个项目，选择 macOS 创建一个命令行项目，然后选中新项目自动创建的文件右键删除，接着配置启动项。对着停止方块按钮旁边的按钮右键 Edit Scheme，在"运行"中选择 basic configuration，并选择 other。这之后需要选择之前编译出的 jvm，比如 /build/macosx-x86_64-server-fastdebug/jdk/bin/java。继续选择 Argument，为虚拟机增加一个启动参数，用 javac 编译得到字节码文件，用 -cp 指定字节码所在目录，后面加上类名。然后选中工程 add files to project，将 HotSpot 源代码导入项目。

到这里已经可以运行了，但是会出现 sigsegv 信号，这是正常情况，可以在 lldb 中使用 process handle SIGSEGV -s false 命令忽略 sigsegv。不过这种方法在每次运行时都需要输入该指令，比较麻烦。也可以设置符号断点忽略 sigsegv 信号，具体操作是选择左边创建箭头，然后在最下面单击加号选择 symbolic breakpoint，任意加一个断点，比如忽略 Threads::create_vm 模块的 sigsegv。最终效果如图 1-4 所示。

3. 在 Linux 上构建，用 Visual Code 调试

Linux 和 macOS 的编译方式基本类似，安装了必要工具和组件后，配置并运行即可，如代码清单 1-3 所示：

代码清单 1-3　CentOS 编译

```
$ yum install java-11-openjdk*  # 安装 Bootstrap JDK
$ yum install  autoconf unzip zip alsa-lib-devel
$ yum install libXtst-devel libXt-devel libXrender-devel
$ yum install cups-devel freetype-devel fontconfig-devel
```

```
$ cd openjdk12
$ chmod +x configure
$ ./configure --with-debug-level=fastdebug
$ make all
```

图 1-4　Xcode 调试

在 Linux 开发机上可以使用 Visual Code 进行调试。Visual Code 也是笔者推荐使用的智能编辑器，它同时支持 Linux/Windows/macOS 三大平台，只需简单的 launch.json 配置即可进行断点调试。

具体操作是在 Visual Code 菜单中选择 File → Open，打开 OpenJDK 12 源码目录，然后选择 Debug → Start Debugging 添加 launch.json 文件，如代码清单 1-4 所示：

代码清单 1-4　Visual Code 的 launch.json

```
{
    "version": "0.2.0",
    "configurations": [{
        "cwd": "${workspaceFolder}",
```

```
"name": "HotSpot Linux Debug",
"type": "cppdbg",
"request": "launch",
"program": "<构建生成的 JDK 目录 >",
"args": [ "<JVM 启动参数 >" ],
"setupCommands": [{
    "description": "ignore sigsegv",
    "ignoreFailures": false,
    "text": "handle SIGSEGV nostop"
}]
}]
}
```

如图 1-5 所示，打上断点后，点击调试按钮即可开始调试。-XX:+PauseAtStartup 和 -XX:+PauseAtExit 参数分别代表让虚拟机在启动和退出的地方停顿。

随着社区的不断发展，JDK 的构建愈发成熟和简单，读者如果在构建过程中遇到问题，可以尝试根据报错自行解决，可以参见官方提供的构建文档（openjdk/doc/building.html），也可以在互联网中寻求解决方案。构建一个可调试的虚拟机是探索虚拟机实现的第一步，也是必要的一步。

图 1-5　Visual Code 调试

1.4.3　回归测试

当为虚拟机添加或者修改某些功能时，新增对应的测试是有必要的。常用的测试虚拟机和 JDK 的工具是 jtreg。jtreg 是 JDK 测试框架的一部分，它主要用于回归测试[⊖]，当然也可以用于单元测试、功能测试等。

下面简单展示 jtreg 的使用方法。假设我们想为 HotSpot VM 新增一个虚拟机参数 -XX:+DummyPrint，在开启时输出"Hello World"。为了实现该功能，可以在 hotspot/share/runtime/globals.hpp 文件中新增如代码清单 1-5 所示的代码：

代码清单 1-5　添加 DummyPrint 参数

```
develop(bool, DummyPrint, false,                            \
    "Print hello world on the screen")                      \
```

然后在 hotspot/share/runtime/thread.cpp 的 Threads::create_vm() 函数的尾部增加一段代码，如代码清单 1-6 所示：

代码清单 1-6　DummyPrint 功能实现

```
jint Threads::create_vm(JavaVMInitArgs* args, bool* canTryAgain) {
    ...
    if(DummyPrint){
        tty->print_cr("Hello World");
    }
    return JNI_OK;
}
```

修改完后，使用 make hotspot 增量式构建项目，然后附加虚拟机参数 -XX:+DummyPrint 进行测试，结果应该符合功能预期。但是要想确保新增的代码在较长的软件生命周期内正常运行，手动测试仍然显得太过麻烦。为了解决这个问题，可以使用自动回归测试。在 openjdk/test/hotspot/jtreg/ 下新增测试文件 TestDummy.java，如代码清单 1-7 所示：

代码清单 1-7　TestDummy.java

```
/*
 * @test TestDummy
 * @summary Test whether flag -XX:+DummyPrint works correctly
```

⊖　回归测试是指修改了旧代码后，重新测试以确认没有引入新的 Bug 或者导致其他代码产生 Bug。

```
 * @library /test/lib
 * @run main/othervm TestDummy
 * @author kelthuzadx
 */
import jdk.test.lib.process.OutputAnalyzer;
import jdk.test.lib.process.ProcessTools;

public class TestDummy {
    static class Wrap{ public static void main(String... args){} }

    static void runWithFlag(boolean enableFlag) throws Throwable{
        ProcessBuilder pb = ProcessTools.createJavaProcessBuilder(
            enableFlag ? "-XX:+DummyPrint" : "-XX:-DummyPrint",
            Wrap.class.getName());
        OutputAnalyzer out = new OutputAnalyzer(pb.start());
        if(enableFlag){
            out.shouldContain("Hello World");
        }else{
            out.shouldNotContain("Hello World");
        }
    }

    public static void main(String[] args) throws Throwable{
        runWithFlag(true);  runWithFlag(false);
    }
}
```

自行构建 jtreg 或者下载预构建的 jtreg，使用如代码清单 1-8 所示的命令进行测试：

代码清单 1-8　jtreg 命令

```
$ ./jtreg -jdk:<待测试的 JDK 路径> openjdk/test/hotspot/jtreg/TestDummy.java
Test results: passed: 1
```

如果测试成功，则会看到 passed 字样，失败则会出现 failed 字样。可以在 jtreg 工作目录下的 JTWork/TestDummy.jtr 日志文件中找到详细失败原因。

jtreg 的核心是文件头注释中的各种符号，其中：@summary 用于总结该测试的用途和测试内容；@library 用于指定一个或多个路径名或者 jar 文件，如果是多个可使用空格隔开；@run 用于指定以何种方式运行此测试。更多关于 jtreg 符号的详细用法可参见其相关文档。

1.5 Graal VM

如果说 HotSpot VM 代表了传统的 Java 保守阵营，那么 Graal VM 无疑是 Java 改革阵营的代表。

大部分脚本语言或者有动态特性的语言（比如 CPython、Lua、Erlang、Java、Ruby、R、JS、PHP、Perl、APL 等）都需要用到一个语言虚拟机，但是这些语言的虚拟机实现差别很大，比如 CPython/PHP 的虚拟机性能相对较差，Java 的 HotSpot VM、C# 的 CLR 和 JS 的 v8 却是业界顶尖级别。那么，能不能付出较小努力，用一个业界顶尖级别的虚拟机来运行这些语言，享受该虚拟机的一些工匠特性，如 GC、锁优化、JIT 编译器呢？

答案是肯定的。首先，对于 Java、Scala、Groovy 这些本来就是基于 JVM 的语言，通过编译器前端工具得到 Java 字节码后直接在 JVM 上运行即可。对于 CPython、R、Ruby、PHP、Perl 乃至自己写的一门新的语言，其开发流程一般分为如下 4 个阶段：

1）首先解析源代码到 AST（Abstract Syntax Tree，抽象语法树），写一个 AST 解释器。

2）当有人使用这门语言时，语言设计者可以继续迭代，实现一个完整的语言虚拟机，包括 GC、运行时等，代码的执行仍然使用 AST 解释器。

3）用的人多了，语言继续迭代，将 AST 转换为字节码，代码执行使用字节码解释器。

4）用的人特别多，性能也很关键，如果这个语言社区有足够的资金和人力，那么可以写 JIT 编译器，提升 GC 性能等，不过大部分语言都到不了这一步。

一门语言至少要达到阶段 3 才算基本满足工业生产的要求，但是人们希望一门语言在阶段 1 时性能就足够好，而不用花那么多精力和财力达到阶段 3 甚至阶段 4，这就是 Truffle 语言实现框架出现的原因。Truffle 是一个 Java 框架，自然运行在 JVM 上。在这个框架下，用户只需要实现具体语言的 AST 解释器，付出的努力比较小，性能也足够好。因为 Truffle 框架可以使 AST 在解释过程中根据节点的类型反馈信息对节点进行变形，也可以在 AST 解释过程中进行部分求值（Partial Evaluation）[⊖]，将这个 AST 的

⊖ 区别于函数式编程中的部分应用（Partial Application）和柯里化（Currying）概念。

一部分节点编译为机器代码，不用解释执行 AST 节点，即可直接执行。

Truffle 将 AST 节点编译为机器代码使用的编译器是 Graal，这是一个用 Java 编写的即时编译器。前面提到，Truffle 是一个 Java 框架，那么一个用 Java 语言编写的即时编译器要如何编译 Java 代码呢？答案是通过 JEP 243 的 JVMCI。JVM 是用 C++ 语言编写的，在 JVM 中内置了两个用 C++ 编写的即时编译器，C1 和 C2。一般频繁的代码先用 C1 编译，这些代码即热点，如果热点继续，则使用 C2 编译。JVMCI 相当于把本该交给 C2 编译的代码交给 Graal 编译，然后使用编译后的代码。用 Java 写即时编译器看起来很神奇，其实很正常，因为即时编译说到底就是将一段 byte[] 代码在运行时转换为另一段 byte[] 代码，可以用任何语言实现，只是实现过程中的难易程度不同。

到目前为止，Java、Scala、Groovy 已经可以在 JVM 上运行了，CPython、R、Ruby、JS 通过 Truffle 框架实现一个 AST 解释器后也可以在 JVM 上运行。那么如何处理如 C/C++、Go、Fortran 这类静态语言呢？对于这个问题，Graal VM 给出的解决方案是 Sulong 框架。用户用一些工具（如 clang）将 C/C++ 这类语言转换为 LLVM IR，然后使用基于 Truffle 的 AST 解释器解释 LLVM IR。这里基于 Truffle 的 AST 解释器就是 Sulong，如图 1-6 所示。

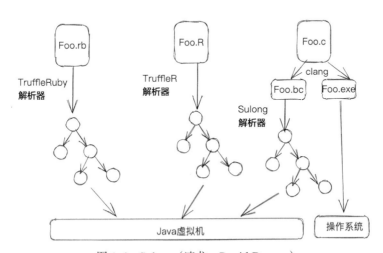

图 1-6　Sulong（速龙，Rapid Dragon）

现在绝大部分语言都可以在 JVM 上运行了，将上面提到的所有技术放到一起，这个整体就叫作 Graal VM。Graal VM 就像皇帝的新衣，人人都在讨论，但是如果要回答它到底是什么却言之无物。实际上 Graal VM 这个语言虚拟机并不是真正存在的，Graal VM 是指以 Java 虚拟机为基础，以 Graal 编译器为核心，以能运行多种语言为目标，包含一系列框架和技术的大杂烩，如图 1-7 所示。

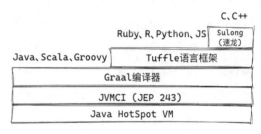

图 1-7　Graal VM 概览

但这并不是 Graal VM 的全部。图 1-7 中的所有语言最终都运行在 JVM 上，需要运行机器提前安装 JDK 环境。JVM 由于自身原因，启动速度比较慢，内存负载较高。那么，能不能把程序直接打包成平台相关的可执行文件，后面直接执行这个可执行文件，而不依赖 JVM 呢？

交出这份答卷的是 Substrate VM。Substrate VM 借助 Graal 编译器，可以将 Java 程序 AOT 编译为可执行程序。它首先通过静态分析找到 Java 程序用到的所有类、方法和字段以及一个非常小的 SVM 运行时，然后对这些代码进行 AOT 编译，生成一个可执行文件。

Substrate VM 的想法很美好，但是在实践中会遇到诸多问题，因为 Java 有反射等动态特性，这些特性可能导致新类加载无法通过静态分析解决。目前 Substrate VM 的 GC 是一个比较简单的分代 GC，缺少很多调试工具和性能分析支持，编译速度较慢，不过这些都在慢慢完善，生产环境上也有阿里巴巴和 Twitter 等公司在不断尝试 Substrate VM 的实际落地，并取得了显著的效果。

1.6　本章小结

1.1 节介绍了各具特色的 JDK 分支和 OpenJDK 的子项目。1.2 节介绍了 Java 改进提案，它们代表类 Java 社区最新的工作动向。1.3 节简单描述了历史长河中存在或者曾经存在的 Java 虚拟机。1.4 节讨论了 HotSpot VM 的组件、源码结构、构建、调试以及修改代码后如何回归测试。最后 1.5 节展望未来，讨论了 Java 的前沿技术 Graal VM。

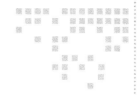

类可用机制

一个类需要经过漫长的旅程才能被虚拟机其他组件，如解释器、编译器、GC 等在运行时使用，下面将详细介绍类的一个完整生命周期，即加载、链接、初始化三部曲。

2.1 类的加载

类加载过程先于虚拟机的绝大部分组件的加载过程，具体会在第 4 章讲解。虚拟机初始化完成后做的第一件事情就是加载用户指定的主类。类加载也是类可用机制的第一步，它负责定位并解析位于磁盘（通常）的字节码文件，生成一个包含残缺数据的用于在 JVM 内部表示类的数据结构，然后将该结构传递给下一步链接做后续工作。

2.1.1 字节码

Java 源码通过 javac（Java 编译器）编译生成字节码，然后将字节码送入虚拟机运行。字节码是 Java 源码的一种紧凑的二进制表示，它相对于 Java 源码来说比较低级，但是更符合机器模型，更容易被机器"理解"。以代码清单 2-1 的 Java 代码为例：

代码清单 2-1　加法示例源码

```
public class Foo{
    public static void main(String[] args){
        int a = 3;
        int b = a+2;
        System.out.println(b);
    }
}
```

使用 javac 编译 Foo.java 得到二进制字节码文件 Foo.class，但二进制的 Foo.class 难以被人类理解，为了直观地查看编译后的字节码，可以使用 JDK 中的 javap -verbose Foo.class 输出人类可读的字节码，部分输出如代码清单 2-2 所示：

代码清单 2-2　加法示例字节码

```
 0:  iconst_3
 1:  istore_1
 2:  iload_1
 3:  iconst_2
 4:  iadd
 5:  istore_2
 6:  getstatic#2        // Field Ljava/io/PrintStream;
 9:  iload_2
10:  invokevirtual#3    // Method java/io/PrintStream.println:(I)V
13: return
```

字节码中的 #2 表示常量池索引 2 的位置，后面注释说明了该位置表示被调用的方法，这样后面的字节码可以使用字节索引而不需要表示函数的字符串，在减少冗余的同时节省了空间。可以看到两个变量相加被编译成了栈操作：iconst_3 压入 3 到操作栈，istore_1 读取栈顶的 3 到变量 a，然后 iload_1 读取 a 并入栈，iconst_2 压入 2，iadd 弹出 a 和 2 并将结果入栈，istore_2 将刚刚计算得到的结果即栈顶弹出放入 b，最后输出。

也正是由于字节码对于源码的描述是栈的形式，所以 Java 虚拟机属于栈式机器（Stack Machine）。与之相对的是寄存器机器（Register Machine），如代码清单 2-3 所示的 Lua 字节码，它对上面加法的描述截然不同：

代码清单 2-3　luac -l -p 生成的加法字节码

```
-- lua 源码
   a = 3
```

```
    b = a + 2
    io.write(b)
-- lua 字节码
0+ params, 2 slots, 1 upvalue, 0 locals, 6 constants, 0 functions
        1    [1]    SETTABUP      0 -1 -2    ; _ENV "a" 3
        2    [2]    GETTABUP      0 0 -1     ; _ENV "a"
        3    [2]    ADD           0 0 -4     ; - 2
        4    [2]    SETTABUP      0 -3 0     ; _ENV "b"
        5    [3]    GETTABUP      0 0 -5     ; _ENV "io"
        6    [3]    GETTABLE      0 0 -6     ; "write"
        7    [3]    GETTABUP      1 0 -3     ; _ENV "b"
        8    [3]    CALL          0 2 1
        9    [3]    RETURN        0 1
```

寄存器机器的加法是直接使用 add 0 0 -4 指令完成的，它的操作数和指令组成一个整体，而栈式机器的 iadd 没有操作数，它隐式地假设了一个操作数栈，用于存放 iadd 需要的数据，这是两者的主要区别。

寄存器机器和栈式机器很大程度上是指虚拟机指令集（Instruction Set Architecture，ISA）的特点，与虚拟机本身如何实现并无关系。当然，这并不是说寄存器机器就是用寄存器执行指令的虚拟机，事实上，很多寄存器机器都是用数组模拟寄存器执行读写指令的。寄存器机器的指令集更紧凑，性能也可能更好；栈式机器的指令集易于编译器生成，两者各有千秋，并无绝对优势的一方。

2.1.2　类加载器

在了解了 Java 字节码的基本概念后，就可以步入类可用机制的世界了。前面提过，javac 编译器编译得到字节码，然后将字节码送入虚拟机执行。实际上送入虚拟机的字节码并不能立即执行，它与视频文件、音频文件一样只是一串二进制序列，需要虚拟机加载并解析后才能执行，这个过程位于 ClassLoader::load_class()。

ClassLoader 是虚拟机内部使用的类加载器，即 Bootstrap 类加载器。除了 Bootstrap 类加载器外，HotSpot VM 还有 Platform 类加载器和 Application 类加载器，它们三个依次构成父子关系（不是代码意义上由继承构造出来的父子关系，而是逻辑上的父子关系）。虚拟机使用双亲委派机制加载类。当需要加载类时，首先使用 Application 类加载器加载，由 Application 类加载器将这个任务委派给 Platform 类加载器，而 Platform 类加载器又将任务委派给 Bootstrap 类加载器，如果 Bootstrap 类加载器加载完成，那么加载任务就此终止。如果没有加载完成，它会将任务返还给 Platform 类加载器等待加载，如果 Platform 类加载器也无法加载则又会将任务返还给 Application 类加载器加载。每个类加载器对应一些类的搜索路径，如果所有类加载器都无法完成类的加载，则抛出 ClassNotFoundException。双亲委派加载模型避免了类被重复加载，而且保证了诸如 java.lang.Object、java.lang.Thread 等核心类只能被 Bootstrap 类加载器加载。

在 HotSpot VM 中用 ClassLoader 表示类加载器，可以使用 ClassLoader::load_class() 加载磁盘上的字节码文件，但是类加载器的相关数据却是存放在 ClassLoaderData，简称 CLD。源码中很多 CLD 字样指的就是类加载器的数据。每个类加载器都有一个对应的 CLD 结构，这是一个重要的数据结构，如图 2-1 所示。

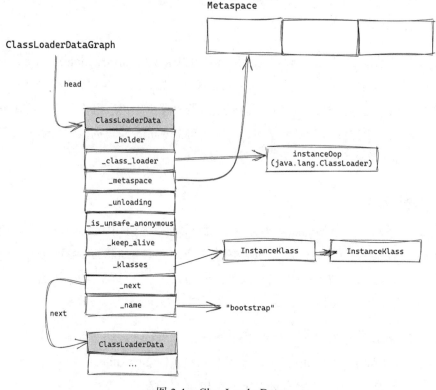

图 2-1　ClassLoaderData

CLD 存放了所有被该 ClassLoader 加载的类、当前类加载器的 Java 对象表示、管理内存的 metaspace 等。另外 CLD 还指示了当前类加载器是否存活、是否需要卸载等。

除此之外，CLD 还有一个 next 字段指向下一个 CLD，所有 CLD 连接起来构成一幅 CLD 图，即 ClassLoaderDataGraph。通过调用 ClassLoaderDataGraph::classes_do 可以在垃圾回收过程中很容易地遍历该结构找到所有类加载器加载的所有类。

2.1.3　文件解析

ClassLoader::load_class() 负责定位磁盘上字节码文件的位置，读取该文件的工作由类文件解析器 ClassFileParser 完成，如代码清单 2-4 所示：

代码清单 2-4　类文件解析器

```
void ClassFileParser::parse_stream(...) {
    // 开始解析
    stream->guarantee_more(8, CHECK);
    // 读取字节码文件开头的魔数，即 0xcafebabe
    const u4 magic = stream->get_u4_fast();
    guarantee_property(magic == JAVA_CLASSFILE_MAGIC,...);
    // 读取 major/minor 版本号
    _minor_version = stream->get_u2_fast();
    _major_version = stream->get_u2_fast();
    // 读取常量池
    ...
    // 读取 this_class 和 super_class
    _this_class_index = stream->get_u2_fast();
    Symbol* class_name_in_cp = cp->klass_name_at(_this_class_index);
    _class_name = class_name_in_cp;
    ...
}
```

Java 所有的类最终都继承自 Object 类，每个类的常量池都会包含诸如 "[java/lang/Object;" 的字符串。为了节省内存，HotSpot VM 用 Symbol 唯一表示常量池中的字符串，所有 Symbol 统一存放到 SymbolTable 中。SymbolTable 是一个并发哈希表，虚拟机会根据该表中 Symbol 的哈希值判断是返回已有的 Symbol 还是创建新的 Symbol。

SymbolTable 有个特别的地方：它使用引用计数管理 Symbol。如果两个类常量池都包含字符串 "hello world"，当两个类都卸载后该 Symbol 计数为 0，且下一次垃圾回收的时候不会做可达性分析，而是直接清除。

在 HotSpot VM 中，SymbolTable 还有个孪生兄弟 StringTable。StringTable 这个名字可能比较陌生，但是读者一定见过 String.intern()，如代码清单 2-5 所示，String.

intern() 底层依托的正是 StringTable：

代码清单 2-5　java.lang.String.intern() 的实现

```
JVM_ENTRY(jstring, JVM_InternString(JNIEnv *env, jstring str))
    JVMWrapper("JVM_InternString");
    JvmtiVMObjectAllocEventCollector oam;
    if (str == NULL) return NULL;
    oop string = JNIHandles::resolve_non_null(str);
    oop result = StringTable::intern(string, CHECK_NULL);
    return (jstring) JNIHandles::make_local(env, result);
JVM_END
```

String.intern() 会返回一个字符串的标准表示。所谓标准表示是指对于相同字符串常量会返回唯一内存地址。StringTable 则是用来存放这些标准表示的字符串的哈希容器。它没有使用引用计数管理，是众多类型的 GC Root 之一，在垃圾回收过程中会被当作根，以它为起点出发进行标记。虚拟机用户可以使用参数 -XX:+PrintStringTableStatistics 在虚拟机退出时输出 StringTable 和 SymbolTable 的统计信息，或者使用 jcmd <pid> VM.stringtable 在运行时输出相关信息。

回到源码的解析上，这个过程比较简单，按照如代码清单 2-6 所示的 Java 虚拟机规范中规定的字节码文件格式读取对应字节即可：

代码清单 2-6　字节码文件格式

```
ClassFile {
    u4          magic;              // 字节码文件魔数，0xcafebabe
    u2          minor_version;      // 主版本号
    u2          major_version;      // 次版本号
    u2          constant_pool_count; // 常量池大小
    cp_info     constant_pool[constant_pool_count-1]; // 常量池
    u2          access_flags;       // 该类是否 public，是否 final
    u2          this_class;         // 当前类在常量池的索引号
    u2          super_class;        // 父类在常量池的索引号
    u2          interfaces_count;   // 接口个数
    u2          interfaces[interfaces_count]; // 接口
    u2          fields_count;       // 字段个数
    field_info  fields[fields_count]; // 字段
    u2          methods_count;      // 方法个数
    method_info methods[methods_count]; // 方法
    u2          attributes_count;   // 属性信息，比如是否内部类
    attribute_info attributes[attributes_count]; // 属性
}
```

Java 虚拟机规范要求字节码文件遵循大端序，并且要求字节码文件最开始四个字节是魔数 0xcafebabe，接下来两个字节是主版本号等。类文件解析器根据 Java 虚拟机规范以大端的方式读取四个字节并检查其是否为正确的魔数，然后检查主版本号，如此继续即可。

类加载的最终任务是得到 InstanceKlass 对象。当 parse_stream() 解析完二进制的字节码文件后，由类加载器为 InstanceKlass 分配所需内存，然后使用 fill_instance_klass() 结合解析得到的数据填充这片内存。InstanceKlass 是 HotSpot VM 中一个非常重要的数据结构，java.lang.Class 在 Java 层描述对象的类，而 InstanceKlass 在虚拟机层描述对象的类，它记录类有哪些字段，名字是什么，类型是什么，类名是什么，解释器如何执行它的方法等信息，关于 InstanceKlass 会在第 3 章详细讨论。类加载的一个完整流程如下：

1）分配 InstanceKlass 所需内存（InstanceKlass::allocate_instance_klass）；

2）使用 parse_stream() 得到的数据填充 InstanceKlass 的字段，如 major/minor version；

3）如果引入了 miranda 方法，设置对应 flag（set_has_miranda_methods）；

4）初始化 itable（klassItable::setup_itable_offset_table）；

5）初始化 OopMapBlock（fill_oop_maps）；

6）分配 klass 对应的 java.lang.Class，在 Java 层描述类（java_lang_Class::create_mirror）；

7）生成 Java8 的 default 方法（DefaultMethods::generate_default_methods）；

8）得到完整的 InstanceKlass。

2.2 类的链接

类加载得到 InstanceKlass 后，此时的 InstanceKlass 虽然有了类的字段、字段个数、类名、父类名等信息，但是还不能使用，因为有些关键信息仍然缺失。HotSpot VM 的执行模式是解释器与 JIT 编译器混合的模式，当一个 Java 方法 / 循环被探测到是"热点"，即执行了很多次时，就可能使用 JIT 编译器编译它然后从解释器切换到执行后的代码再执行它。那么，如何让方法同时具备可解释执行、可执行编译后的机器代码的能力呢？ HotSpot VM 的实现是在方法中放置解释器、编译器的入口地址，需要哪种模式就进入哪种入口。

第二个问题，在哪里设置这些入口呢？结合类的实现过程，在前面的类加载中没有提到，而后面的类初始化会执行代码，说明在执行代码时入口已设置，即它们是在类链接阶段设置的。类链接源码位于 InstaceKlass::link_class_impl()，源码很长，主要有 5 个步骤：

1）字节码验证（verify_code）；

2）字节码重写（rewrite_class）；

3）方法链接（link_method）；

4）初始化 vtable（虚表）和 itable（接口表）；

5）链接完成（set_init_state）。

2.2.1 字节码验证

字节码验证可以确保字节码是结构性正确的。举个例子，if_icmpeq 字节码判断两个整数是否相等并根据结果做跳转，结构性正确就是指跳转位置必须位于该方法内这一事实。又比如，一个方法返回 boolean、byte、char、short、int 中的任意一种类型，那么结构性正确要求该方法的返回字节码必须是 ireturn 而不能是 freturn、lreturn 等。字节码验证的代码位于 classfile/verifier.cpp，它是一个对于程序安全运行很重要但是对于源码分析又不必要的部分，感兴趣的读者请对照 verifier 源码和 Java 虚拟机文档4.9、4.10 节（关于结构性正确的一些要求）阅读。

2.2.2 字节码重写

字节码重写器（Rewritter）位于 interpreter/rewriter.cpp，它实现了如下功能。

1. finalize 方法重写

本章最开始使用 javap 反编译了类 Foo 的字节码，其中包括 Foo 构造函数。Foo 的构造函数默认调用 Object 构造函数，Object 构造函数只有固定的三条字节码：aload0, invokespecial,return。

当某个类重写了 Object.finalize() 方法时，在运行时，最后一条字节码 return 会被

重写器重写为 _return_register_finalizer。这是一条非标准的字节码，在 Java 虚拟机规范中没有要求，是虚拟机独有的字节码，如果虚拟机在执行时发现是非标准的 _return_ register_finalizer，则会额外执行很多代码（代码清单 2-7）：插入机器指令判断当前方法是否重写 finalize，如果重写，则经过一个很长的调用链，最终调用 java.lang.ref. Finalizer 的 register()。

代码清单 2-7　重写 finalize 额外需要执行的代码

```
instanceOop InstanceKlass::register_finalizer(...) {
    instanceHandle h_i(THREAD, i);  JavaValue result(T_VOID);
    JavaCallArguments args(h_i);
    // 对应 java.lang.ref.Finalizer 的 register 方法（该类为 package-private）
    methodHandle mh (THREAD, Universe::finalizer_register_method());
    JavaCalls::call(&result, mh, &args, CHECK_NULL);
    return h_i();
}
```

register() 会将重写了 finalize() 的对象放入一个链表，等待后面垃圾回收对链表每个对象执行 finalize() 方法。

2. switch 重写

重写器还会优化 switch 语句的性能。它根据 switch 的 case 个数是否小于 -XX: BinarySwitchThreshold[⊖]（默认 5）选择线性搜索 switch 或者二分搜索 switch。线性搜索可以在线性时间内定位到求值后的 case，二分搜索则保证在最坏情况下，在 O（log$N$）内定位到 case。switch 重写使用的二分搜索算法如代码清单 2-8 所示：

代码清单 2-8　二分搜索伪代码（Edsger W. Dijkstra, W.H.J. Feijen）

```
int binary_search(int key, LookupswitchPair* array, int n) {
    int i = 0, j = n;
    while (i+1 < j) {
        int h = (i + j) >> 1;
        if (key < array[h].fast_match())
            j = h;
        else
```

⊖ HotSpot VM 中的参数分为多种类型，详细可参见 runtime/globals.hpp。简单来说，develop 只在 fastdebug/slowdebug 虚拟机上有效；diagnostic 用于 VM 调试诊断；experimental 是实验性质的一些特性，未来可能消失也可能进入产品；product 是产品级特性，可以用来做 VM 调优、性能分析等；manageable 可以通过 JMI 接口或者 jconsole 等工具在运行时修改它的值；使用 -XX:+PrintFlagsFinal 可以输出所有 product 的参数。

```
            i = h;
    }
    return i;
}
```

2.2.3 方法链接

方法链接是链接阶段乃至整个类可用机制中最重要的一步，它直接关系着方法能否被虚拟机执行。本节从方法在虚拟机中的表示开始，详细描述方法链接过程。

1. Method 数据结构

OpenJDK 8 以后的版本是用 Method 这个数据结构，在 JVM 层表示 Java 方法，位于 oops/method.cpp，里面包含了解释器、编译器的代码入口和一些重要的用于统计方法性能的数据。

"HotSpot"的中文意思是"热点"，指的是它能对字节码中的方法和循环进行 Profiling 性能计数，找出热点方法或循环，并对其进行不同程度的优化。这些 Profiling 数据就存放在 MethodData 和 MethodCounter 中。热点探测与方法编译是一个复杂又有趣的过程，虚拟机需要回答什么程度才算热点、单个循环如何优化等，这些内容将在本书的第二部分详细讨论。

Method 另一个重要的字段是 _intrinsic_id。如果某方法的实现广为人知，或者某方法另有高效算法实现，对于它们，即便使用 JIT 编译性能也达不到最佳。为了追求极致的性能，可以将这些方法视作固有方法（Intrinsic Method）或者知名方法（Well-known Method），解放 CPU 指令集中所有支持的指令，由虚拟机工程师手写它们的实现。_intrinsic_id 表示固有方法的 id，如果该 id 有效，即该方法是固有方法，即便方法有对应的 Java 实现，虚拟机也不会走普通的解释执行或者编译 Java 方法，而是直接跳到该方法对应的手写的固有方法实现例程并执行。

所有固有方法都能在 classfile/vmSymbols.hpp 中找到，一个绝佳的例子是 java.lang.Math。对于 Math.sqrt()，用 Java 或者 JNI 均无法达到极致性能，这时可以将其置为固有方法，当虚拟机遇到它时只需要一条 CPU 指令 fsqrt（代码清单 2-9），用硬件级实现碾压软件级算法：

代码清单 2-9　Math.sqrt 固有方法实现

```
// 32 位：使用 x87 的 fsqrt
void Assembler::fsqrt() {
    emit_int8((unsigned char)0xD9);
    emit_int8((unsigned char)0xFA);
}
// 64 位：使用 SSE2 的 sqrtsd
void Assembler::sqrtsd(XMMRegister dst, XMMRegister src) {
    ...
    int encode = simd_prefix_and_encode(...);
    emit_int8(0x51);
    emit_int8((unsigned char)(0xC0 | encode));
}
```

2. 编译器、解释器入口

Method 的其他数据字段会在后面陆续提到，目前方法链接需要用到的数据只是图 2-2 右侧的各个入口地址，具体如下所示。

- ❑ _i2i_entry：定点解释器入口。方法调用会通过它进入解释器的世界，该字段一经设置后面不再改变。通过它一定能进入解释器。
- ❑ _from_interpreter_entry：解释器入口。最开始与 _i2i_entry 指向同一个地方，在字节码经过 JIT 编译成机器代码后会改变，指向 i2c 适配器入口。
- ❑ _from_compiled_entry：编译器入口。最开始指向 c2i 适配器入口，在字节码经过编译后会改变地址，指向编译好的代码。
- ❑ _code：代码入口。当编译器完成编译后会指向编译后的本地代码。

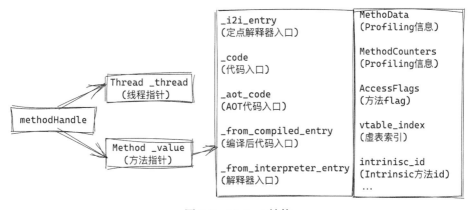

图 2-2　Method 结构

有了上面的知识，方法链接的源码就很容易理解了。如代码清单 2-10 所示，链接阶段会将 i2i_entry 和 _from_interpreter_entry 都指向解释器入口，另外还会生成 c2i 适配器，将 _from_compiled_entry 也适配到解释器：

代码清单 2-10　方法链接实现

```
void Method::link_method(...) {
    // 如果是 CDS(Class Data Sharing) 方法
    if (is_shared()) {
        address entry = Interpreter::entry_for_cds_method(h_method);
        if (adapter() != NULL) {
            return;
        }
    } else if (_i2i_entry != NULL) {
        return;
    }
    // 方法链接时，该方法肯定没有被编译（因为没有设置编译器入口）
    if (!is_shared()) {
        // 设置 _i2i_entry 和 _from_interpreted_entry 都指向解释器入口
        address entry = Interpreter::entry_for_method(h_method);
        set_interpreter_entry(entry);
    }
    ...
    // 设置 _from_compiled_entry 为 c2i 适配器入口
    (void) make_adapters(h_method, CHECK);
}
```

各种入口的地址不会是一成不变的，当编译 / 解释模式切换时，入口地址也会相应切换，如从解释器切换到编译器，编译完成后会设置新的 _code、_from_compiled_entry 和 _from_interpreter_entry 入口；如果发生退优化（Deoptimization），从编译模式回退到解释模式，又会重置这些入口。关于入口设置的具体实现如代码清单 2-11 所示：

代码清单 2-11　编译器 / 解释器入口的设置

```
void Method::set_code(...) {
    MutexLockerEx pl(Patching_lock, Mutex::_no_safepoint_check_flag);
    // 设置编译好的机器代码
    mh->_code = code;
    ...
    OrderAccess::storestore();
    // 设置解释器入口点为编译后的机器代码
    mh->_from_compiled_entry = code->verified_entry_point();
    OrderAccess::storestore();
    if (!mh->is_method_handle_intrinsic())
```

```
                 mh->_from_interpreted_entry = mh->get_i2c_entry();
}
void Method::clear_code(bool acquire_lock /* = true */) {
    MutexLockerEx pl(...);
    // 清除 _from_interpreted_entry，使其再次指向 c2i 适配器
    if (adapter() == NULL) {
        _from_compiled_entry    = NULL;
    } else {
        _from_compiled_entry    = adapter()->get_c2i_entry();
    }
    OrderAccess::storestore();
    // 将 _from_interpreted_entry 再次指向解释器入口
    _from_interpreted_entry = _i2i_entry;
    OrderAccess::storestore();
    // 取消指向机器代码
    _code = NULL;
}
```

3. C2I/I2C 适配器

在上述代码中多次提到 c2i、i2c 适配器，如图 2-3 所示。所谓 c2i 是指编译模式到解释模式（Compiler-to-Interpreter），i2c 是指解释模式到编译模式（Interpreter-to-Compiler）。由于编译产出的本地代码可能用寄存器存放参数 1，用栈存放参数 2，而解释器都用栈存放参数，需要一段代码来消弭它们的不同，适配器应运而生。它是一段跳床（Trampoline）代码，以 i2c 为例，可以形象地认为解释器"跳入"这段代码，将解释器的参数传递到机器代码要求的地方，这种要求即调用约定（Calling Convention），然后"跳出"到机器代码继续执行。

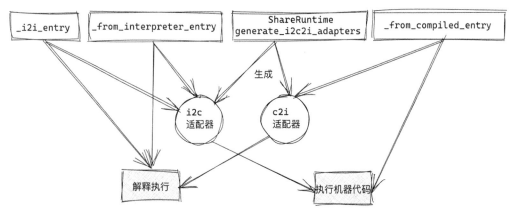

图 2-3　i2c，c2i 适配器

如图 2-3 所示，两个适配器都是由 SharedRuntime::generate_i2c2i_adapters 生成的，该函数会在里面进一步调用 geni2cadapter() 生成 i2c 适配器。由于代码较多，这里只以 i2c 适配器的生成为例（见代码清单 2-12），对 c2i 适配器感兴趣的读者可自行反向分析。

代码清单 2-12　i2c 入口适配器生成

```
void SharedRuntime::gen_i2c_adapter(...) {
// 将解释器栈顶放入 rax
__ movptr(rax, Address(rsp, 0));
...
// 保存当前解释器栈顶到 saved_sp
__ movptr(r11, rsp);
if (comp_args_on_stack) { ... }
__ andptr(rsp, -16);
// 将栈顶压入栈作为返回值，本地代码执行完毕后返回解释模式，即使用这个地址
__ push(rax);
const Register saved_sp = rax;
__ movptr(saved_sp, r11);
// 获取本地代码入口放入 r11，这是解释执行到本地代码执行的关键步骤
__ movptr(r11,...Method::from_compiled_offset());
// 从右向左逐个处理位于解释器的方法参数
for(int i = 0; i < total_args_passed; i++) {
    // 如果参数类型是 VOID，就不将该参数从解释器栈转移到编译后的代码执行的栈
    if (sig_bt[i] == T_VOID) {
        continue;
    }
    // 获取解释器方法栈最右边参数偏移到 ld_off
    int ld_off = ...;
    // 获取解释器方法栈最右边的前一个参数偏移到 next_off
    int next_off = ld_off - Interpreter::stackElementSize;
    // r_1 和 r_2 都表示 32 位，组合起来构成一个 VMRegPair 表示 64 位。如果是
    // 64 位则 r_2 无效，所以下面代码的 r_2->is_valid() 相当于判断是否为 64 位
    VMReg r_1 = regs[i].first();
    VMReg r_2 = regs[i].second();
    if (!r_1->is_valid()) { continue; }
    // 如果本地代码执行栈要求解释器栈参数放到栈中
    if (r_1->is_stack()) {
        // 获取本地代码执行栈距栈顶偏移
        int st_off = ...;
        // 用 r13 做中转，将解释器栈参数放入 r13，再移动到本地代码执行栈
        if (!r_2->is_valid()) {
            __ movl(r13, Address(saved_sp, ld_off));
            __ movptr(Address(rsp, st_off), r13);
        } else {
            // 这里表示 32 位，一个槽放不下 long 和 double
            ...
```

```
        }
    }
    // 如果本地代码执行栈要求解释器栈参数放到通用寄存器中
    else if (r_1->is_Register()) {
        Register r = r_1->as_Register();
        // 寄存器直接执行 mov 命令即可，不需要 r13 中转
        if (r_2->is_valid()) {
            const int offset = ...;
            __ movq(r, Address(saved_sp, offset));
        } else {
            __ movl(r, Address(saved_sp, ld_off));
        }
    }
    else { // 如果本地代码执行栈要求解释器栈参数放到 XMM 寄存器中
        if (!r_2->is_valid()) {
            __ movflt(r_1->as_XMMRegister(),...);
        } else {
            __ movdbl(r_1->as_XMMRegister(), ...);
        }
    }
}
...
// r11 保存了本地代码入口，所以跳到 r11 执行本地代码
__ jmp(r11);
}
```

　　适配器的逻辑清晰，但是由于使用了类似汇编的代码风格，看起来比较复杂。可以这样理解适配器：想象有一个解释器方法栈存放所有参数，然后有一个本地方法执行栈和寄存器，如图 2-4 所示，适配器要做的就是将解释器执行栈的参数传递到本地方法执行栈和寄存器中。

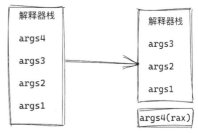

图 2-4　i2c 适配器的工作方式

4. CDS

　　最后，方法链接还有个细节：在设置入口前，它会区分该方法是否是 CDS（Class Data Sharing，类数据共享）方法，并据此设置不同的解释器入口。

　　CDS 是 JDK5 引入的特性，它把最常用的类从内存中导出形成一个归档文件，在下一次虚拟机启动可使用 mmap/MapViewOfFile 等函数将该文件映射到内存中直接使用而不再加载解析这些类，以此加快 Java 程序启动。如果有多个虚拟机运行，还可以

共享该文件，减小内存消耗。

但是 CDS 只允许 Bootstrap 类加载器加载类共享文件，适用场景非常有限，所以 JEP 310 于 Java 10 引入了新的 AppCDS（Application Class Data Sharing，应用类数据共享），让 Application 类加载器和 Platform 类加载器甚至自定义类加载器也能拥有CDS。

AppCDS 对于快速启动、快速执行、立即关闭的应用程序有不错的效果，使用代码清单 2-13 的命令可以开启 AppCDS：

代码清单 2-13 使用 AppCDS

```
$java -Xshare:off -XX:DumpLoadedClassList=class.lit HelloWorld
$java -Xshare:dump -XX:SharedClassListFile=class.list -XX:SharedArchive
    File=hello.jsa HelloWorld
$java -Xshare:on -XX:SharedArchiveFile=hello.jsa HelloWorld
```

AppCDS 并不是故事的全部，它虽然可以导出更多类，但是使用比较麻烦，需要三步：

1）运行第一次，生成类列表；

2）运行第二次，根据类列表从内存中导出类到归档文件；

3）附带着归档文件运行第三次。

为此，JEP 350 于 Java 13 引入了 DynamicCDS，它可以消除 AppCDS 的第一步，在第一次运行程序退出时将记录了本次运行加载的 CDS 没有涉及的类自动导出到归档文件，第二次直接附带归档文件运行即可。

2.3 类的初始化

类可用三部曲的最后一步是类初始化。《Java 虚拟机规范》的第 5 章对初始化流程有非常详尽的描述，指出整个类的初始化流程有 12 步。

1）获取类 C 的初始化锁 LC。

2）如果另外一个线程正在初始化 C，那么释放锁 LC，阻塞当前线程，直到另一个线程初始化完成。

3）如果当前线程正在初始化 C，那么释放 LC。

4）如果 C 早已初始化，不需要做什么，那么释放 LC。

5）如果 C 处于错误的状态，初始化不可能完成，则释放 LC 并抛出 NoClassDef FoundError。

6）否则，标示当前线程正在初始化 C，释放 LC。然后初始化每个 final static 常量字段，初始化顺序遵照代码写的顺序。

7）下一步，如果 C 是类而不是接口，初始化父类和父接口。

8）下一步，查看 C 的断言是否开启。

9）下一步，执行类或者接口的初始化方法。

10）如果初始化完成，那么获取锁 LC，标示 C 已经完全初始化，通知所有等待的线程，然后释放 LC。

11）否则，初始化一定会遇到类问题，抛出异常 E。如果类 E 是 Error 或者它的子类，那么创建一个 ExceptionInitializationError 对象，将 E 作为参数，然后用该对象替代下一步的 E。如果因为 OutOfMemoryError 原因不能创建 ExceptionInitializationError 实例，则使用 OutOfMemoryError 实例作为下一步 E 的替代品。

12）获取 LC，标示 C 为错误状态，通知所有线程，然后释放 LC，以上一步的 E 作为本步的终止。

为了通用性和抽象性，可能《Java 虚拟机规范》在语言描述方面比较学究。要想直观了解类初始化过程，可以阅读 InstanceKlass::initialize_impl() 源码实现。HotSpot VM 几乎是按照 Java 虚拟机规范要求的步骤进行的，只是看起来更简单明了。不难看出，上面步骤很多都是为了处理错误和异常情况，真正意义上的初始化其实是第 9 步，如代码清单 2-14 所示：

代码清单 2-14　类初始化

```
void InstanceKlass::initialize_impl(TRAPS) {
    ...
    // Step 8（虚拟机文档的第 9 步对应源码第 8 步，因为源码省略了文档第 8 步的处理）
    call_class_initializer(THREAD);
}
void InstanceKlass::call_class_initializer(TRAPS) {
    // 如果启用了编译重放则跳过初始化
    if (ReplayCompiles && ...){
        return;
```

```
    }
    // 获取初始化方法，包装成一个 methodHandle
    methodHandle h_method(THREAD, class_initializer());
    // 调用初始化方法
    if (h_method() != NULL) {
        JavaCallArguments args; // <clinit> 无参数
        JavaValue result(T_VOID);
        JavaCalls::call(&result, h_method, &args, CHECK);
    }
}
```

类初始化首先会判断是否开启了编译重放（Replay Compile）。使用 "-XX:Compile Command=option,ClassName::MethodName,DumpInline" 可以将一个方法的编译信息存放到文件，这样就可以在下一次运行时使用 -XX:+ReplayCompiles -XX:Replay DataFile=file 从文件读取编译数据，并创建编译任务投入编译队列，然后进入阻塞状态，在编译完成后继续执行程序。这种 "第一次运行存放编译任务→第二次运行获取编译任务→第二次执行编译" 的过程就是编译重放。

编译重放固定了编译顺序，而固定的编译顺序减少了虚拟机的不确定性，可用于 JIT 编译器性能数据分析和 GC 性能数据分析等场景。除此之外，虚拟机参数 -XX:ReplaySuppressInitializers=<val> 的值还可以控制类初始化行为：

- ❏ 0：不做特殊处理；
- ❏ 1：将所有类初始化代码视为空；
- ❏ 2：将所有应用程序类初始化代码视为空；
- ❏ 3：允许启动时运行类初始化代码，但是在重放编译时忽略它们。

处理了编译重放后，虚拟机会调用 class_initializer() 函数，该函数返回当前类的 <clinit> 方法。类的构造函数和静态代码块在虚拟机中有特殊的名字，前者是 <init>，后者则是 <clinit>。静态代码块如代码清单 2-15 所示。

代码清单 2-15 静态代码块

```
public class ClinitTest{
    private static int k;
    private static Object obj = new Object();
    static{
        k = 12;
    }
```

```
    public static void main(String[] args){
        new ClinitTest();
    }
}
```

对于代码清单 2-15，Java 编译器会将静态字段的初始化代码也放入 <clinit>，所以字段 k 和字段 obj 的赋值都是在类初始化阶段完成的，也正是因为赋值操作需要真实的执行代码，所以需要在链接阶段提前设置解释器入口，以便初始化代码的执行。在确认 class_initializer() 返回的当前类的 <clinit> 方法存在后，虚拟机会将其包装成methodHandle 送入 JavaCalls::call 执行。

虚拟机和 Java 沟通的两座桥梁是 JNI 和 JavaCalls，Java 层使用 JNI 进入 JVM 层，而 JVM 层使用 JavaCalls 进入 Java 层。JavaCalls 可以在 HotSpot VM 中调用 Java 方法，main 方法执行也是使用这种 JavaCalls 实现的。关于 JavaCalls 在第 4 章会详细讨论。

2.4 类的重定义

加载、链接、初始化是标准的类可用机制，除此之外，Java 提供了一个用于特殊场景的类重定义功能，由 JDK 5 引入的 java.lang.instrument.Instrumentation 实现。

Instrumentation 可以在应用程序运行时修改或者增加类的字节码，然后替换原来的类的字节码，这种方式又称为热替换，如代码清单 2-16 所示：

代码清单 2-16 Num 类重定义

```
// Num.java
public class Num {
    public int getNum() { return 3; }
}
// java -javaagent:AgentMain.jar ...
import java.lang.instrument.Instrumentation;
public class AgentMain {
    public static void premain(String args, Instrumentation inst) {
        inst.addTransformer((loader, className, classBeingRedefined,
                            protectionDomain, byteCode) -> {
            // 修改 Num.getNum() 的字节码，使它返回 1
            if("Num".equals(className)){ byteCode[261] = 4; }
            return byteCode;
```

```
        });
        try {
            inst.retransformClasses(Num.class);
        } catch (UnmodifiableClassException e) {
            e.printStackTrace();
        }
    }
}
```

在这段代码中，AgentMain 首先添加了类字节码转换器，然后触发 Num 类的转换。这时会调用之前添加的类字节码转换器，在上面的例子中，转换器将修改 Num.getNum 的代码，使它返回整数 1。然后每当需要加载一个类时，虚拟机会检查类是否为 Num 类，如果是则修改它的字节码。如果将 Instrumentation 与 asm、cglib、Javaassist 等字节码增强框架结合使用，开发者可以灵活地在运行时修改任意类的方法实现，这样无须修改源代码，也无须重编译运行就能改变方法的行为，达到近似热更新的效果。

注意，如果类字节码转换器没有修改字节码，正确的做法是返回 null，如果修改了字节码，应该创建一个新的 byte[] 数组，将原来的 byteCode 复制到新数组中，然后修改新数组，而不是像代码清单 2-16 一样修改原有的 byteCode 再返回。这样直接修改 byteCode 可能会造成虚拟机崩溃的情况。

Instrumentation 的底层实现是基于 JVMTI（Java 虚拟机工具接口）的 Redefine Classes。虚拟机创建 VM_RedefineClasses，投递给 VMThread，然后等待 VMThread 执行 VM_RedefineClasses::redefine_single_class 重定义一个类。类的重定义是一个烦琐的过程，它会移除原来类（the_class）中的所有断点，所有依赖原来类的编译后的代码都需要进行退优化，原来类的方法、常量池、内部类、虚表、接口表、调试信息、版本号、方法指纹等数据也会一并被替换为新的类定义（scratch_class）中的数据。

2.5 本章小结

本章从 2.1 节开始，介绍了位于磁盘的二进制表示的字节码被类文件解析器加载并解析，得到虚拟机内部用于表示类的 InstanceKlass 数据结构。为了保证字节码是安全可靠的，在 2.2 节链接阶段，首先验证了字节码的结构正确性；出于性能考虑，链接阶段还可能调用重写器将一些字节码替换为高性能的版本，加快后面的解释执行；链接阶段的核心工作是设置编译器 / 解释器入口以便后续代码能够正常执行，同时为了保障后续解释 / 编译模式的切换，还会设置适配器来消除两种模式之间的沟壑。接着，根据《Java 虚拟机规范》中赋予类初始化的语义，在 2.3 节介绍了初始化阶段同时执行用户的静态代码块和隐式静态字段初始化。最后 2.4 节特别讨论了类的重定义。

对象和类

本章讨论 Java 对象和类在 HotSpot VM 内部的具体实现，探索虚拟机在底层是如何对这些 Java 语言的概念建模的。

3.1 对象与类

HotSpot VM 使用 oop 描述对象，使用 klass 描述类，这种方式被称为对象类二分模型。理解对象类二分模型最好的方法是回归到编程语言本身来看。HotSpot VM 是用 C++ 编写的，C++ 的类是一个强大的抽象工具，HotSpot VM 需要借助这个强大的工具，对 Java 各个方面做一个抽象。换句话说，用一个 C++ 类描述一个 Java 语言组件。

虽然动机简单，但是随意将组件抽象成 C++ 的类势必会造成混乱，因此 HotSpot VM 基本遵循一个规则，如图 3-1 所示。

Java 层面的对象会被抽象成 C++ 的一个 oop 类：普通对象（new Foo）是 instanceOop，普通数组（new int[]）是 typeArrayOop，对象数组（new Bar[]）是 objArrayOop。这些类都继承自 oop 类，如果查看 HotSpot VM 源码会发现没有 oop、instanceOop、objArrayOop 等类，只有 oopDesc、instanceOopDesc、objArrayOopDesc，其实后两者是一回事，

instanceOop 只是 instanceOopDesc 指针的别名（typedef）。Java 层面的类、接口、枚举会被抽象成 C++ 的 klass 类。对象的类（Foo.class）是 instanceKlass，对象数组的类（Bar[].class）是 objArrayKlass，普通数组的类（int[].class）是 typeArrayKlass。

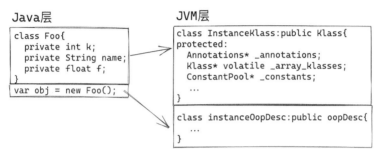

图 3-1　对象类二分模型

除此之外，还有不满足规则的特例。Java 对象在虚拟机表示中除了字段外还有个对象头，里面有一个字段记录了对象的 GC 年龄、hash 值等信息，这个字段被命名为 markOop。另外，java.lang.ref.Reference 及其子类不是用 InstanceKlass 描述而是用 InstanceRefKlass 描述，它们会被 GC 特殊对待。与之类似，java.lang.ClassLoader 用 InstanceClassLoaderKlass 描述，java.lang.Class 用 InstanceMirrorKlass 描述。以上便是对象和类的相关内容，它们的源码位于 hotspot/share/oops，本章剩下的部分将首先讨论表示对象的 oop，然后讨论表示类的 klass。

3.2　对象

虚拟机中的对象由 oop 表示。oop 的全称是 Ordinary Object Pointer，它来源于 Smalltalk 和 Self 语言，字面意思是"普通对象指针"，在 HotSpot VM 中表示受托管的对象指针。"受托管"是指该指针能被虚拟机的各组件跟踪，如 GC 组件可以在发现对象不再使用时回收其内存，或者可以在发现对象年龄过大时，将对象移动到另一个内存分区等。总地来说，对象是由对象头和字段数据组成的。

3.2.1　创建对象

创建 oop 的蓝图是 InstanceKlass。InstanceKlass 了解对象所有信息，包括字段个

数、大小、是否为数组、是否有父类，它能根据这些信息调用 InstanceKlass::allocate_
instance 创建对应的 instanceOop/arrayOop，如代码清单 3-1 所示：

代码清单 3-1 allocate_instance

```
instanceOop InstanceKlass::allocate_instance(TRAPS) {
    bool has_finalizer_flag = has_finalizer(); //是否重写 finalizer 方法
    int size = size_helper();                   // 获取对象大小
    instanceOop i;
    // 在堆上分配对象
    i = (instanceOop)Universe::heap()->obj_allocate(...);
    if (has_finalizer_flag && !RegisterFinalizersAtInit) {
        i = register_finalizer(i, CHECK_NULL);
    }
    return i;                                    // 返回对象
}
oop CollectedHeap::obj_allocate(Klass* klass, int size, TRAPS) {
    ObjAllocator allocator(klass, size, THREAD);
    return allocator.allocate();
}
```

这里虚拟机调用 Java 堆的 CollectedHeap::obj_allocate 创建对象。Obj_allocate 内部
又使用 ObjAllocator 创建对象。ObjAllocator 做的事情很简单，如代码清单 3-2 所示：

代码清单 3-2 内存分配与对象创建

```
oop MemAllocator::allocate()const{          // ObjAllocator 继承自 MemAllocator
    oop obj = NULL;
    Allocation allocation(*this, &obj);
    // 根据对象 size 分配一片内存
    HeapWord* mem = mem_allocate(allocation);
    if(mem != NULL) {
        //初始化对象头, initialize 会返回 oop(mem)
        obj = initialize(mem);
    }
    return obj;
}
```

代码清单 3-2 揭示了 Java 对象的实质：一片内存。虚拟机首先获知对象大小，然
后申请一片内存（mem_allocate），返回这片内存的首地址（HeapWord，完全等价于
char* 指针）。接着初始化（initialize）这片内存最前面的一个机器字，将它设置为对象
头的数据。然后将这片内存地址强制类型转换为 oop（oop 类型是指针）返回，最后由
allocate_instance 再将 opp 强制类型转换为 instanceOop 返回。

有很多方法可以查看 oop 对象布局，了解它有助于深刻理解 HotSpot VM 的对象
实现。使用 -XX:+PrintFieldLayout 虚拟机参数可以输出对象字段的偏移，但是该参数
的输出内容比较简略。要想获取详细的对象布局，可以使用 JOL（Java Object Layout）
工具，但 JOL 不是 JDK 自带的工具，需要自行下载。除了 JOL 外，还可以使用 JDK
自带的 jhsdb 工具获取。使用 jhsdb hsdb 命令打开 HotSpot Debugger 程序，可以查看
oop 的内部数据，如图 3-2 所示。

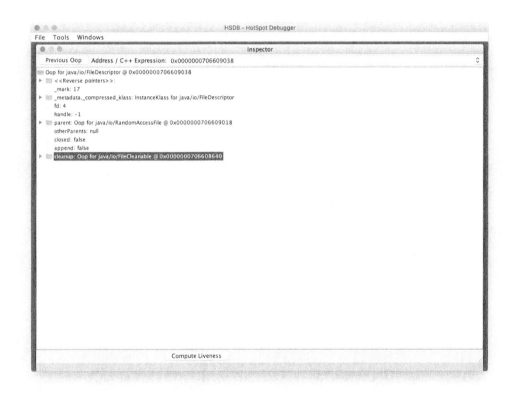

图 3-2　使用 jhsdb hsdb 命令查看 oop 的内部数据

oop 最开始的两个字段是 _mark 和 _metadata，它们包含一些对象的元数据，接着
是包含对象字段的数据。下面将详细介绍 _mark 和 _metadata 的内容。

3.2.2　对象头

了解"oop 是指向一片内存的指针，只是将这片内存'视作'（强制类型转换）Java
对象/数组"十分重要，因为对象的本质就是用对象头和字段数据填充这片内存。对象

头即 oopDesc，它只有两个字段，如代码清单 3-3 所示：

代码清单 3-3　对象头结构

```
class oopDesc {
    volatile markOop _mark;
    union _metadata {
        Klass*       _klass;
        narrowKlass _compressed_klass;
    } _metadata;
};
```

对象头的第一个字段是 _mark，也叫 Mark Word，虽然由于历史原因带了个 oop 字样，但是它与 oop 并没有关系。它在形式上是一个指针，但是 HotSpot VM 把它当作一个整数来使用。根据 CPU 位数，markOop 表现为 32 位或者 64 位整数，不同位（bit）有不同意义，如图 3-3 所示。

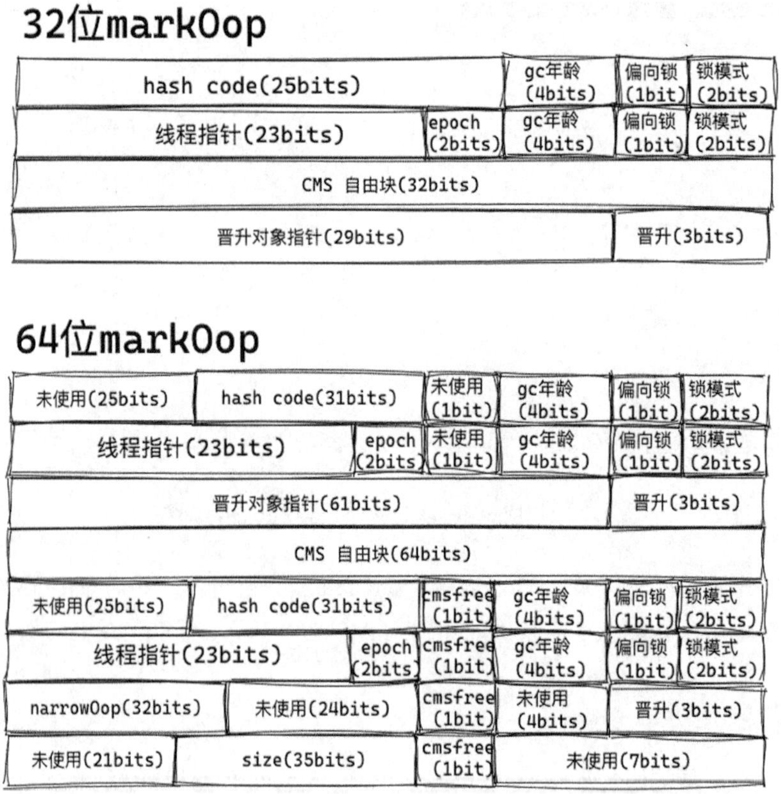

32位markOop

hash code(25bits)		gc年龄 (4bits)	偏向锁 (1bit)	锁模式 (2bits)
线程指针(23bits)	epoch (2bits)	gc年龄 (4bits)	偏向锁 (1bit)	锁模式 (2bits)
CMS 自由块(32bits)				
晋升对象指针(29bits)				晋升(3bits)

64位markOop

未使用(25bits)	hash code(31bits)		未使用 (1bit)	gc年龄 (4bits)	偏向锁 (1bit)	锁模式 (2bits)
线程指针(23bits)		epoch (2bits)	未使用 (1bit)	gc年龄 (4bits)	偏向锁 (1bit)	锁模式 (2bits)
晋升对象指针(61bits)						晋升(3bits)
CMS 自由块(64bits)						
未使用(25bits)	hash code(31bits)		cmsfree (1bit)	gc年龄 (4bits)	偏向锁 (1bit)	锁模式 (2bits)
线程指针(23bits)		epoch (2bits)	cmsfree (1bit)	gc年龄 (4bits)	偏向锁 (1bit)	锁模式 (2bits)
narrowOop(32bits)	未使用(24bits)		cmsfree (1bit)	未使用 (4bits)	晋升(3bits)	
未使用(21bits)	size(35bits)		cmsfree (1bit)	未使用(7bits)		

图 3-3　markOop

使用 VM 参数 -XX:+UseCompressedOops 还可以开启对象指针压缩，在 64 位机器上开启该参数后，可以用 32 位无符号整数值（narrowOop）来表示 oop 指针。压缩对象指针允许 32 位整数表示 64 位指针。对象引用位数的减少允许堆中存放更多的其他数据，继而提高内存利用率，但是随之而来的问题是 64 位指针的可寻址范围可能是 $0 \sim 2^{42}$ 字节或 $0 \sim 2^{48}$ 字节（一般 64 位 CPU 的地址总线到不了 64 位），压缩后只能寻址 $0 \sim 2^{32}$ 字节，显然无法覆盖可能的内存范围。对于这个问题，HotSpot VM 的应对方案如图 3-4 所示，其中压缩对象指针有三种寻址模式：

$$\begin{cases} addr = 0 + offset \times 8 & high_{heap} < 32GB \\ addr = base + offset & size_{heap} < 4GB \\ addr = base + offset \times 8 & 4GB <= size_{heap} < 32GB \end{cases}$$

图 3-4　压缩对象指针寻址

- □ 如果堆的高位地址小于 32GB，说明不需要基址（base）就能定位堆中任意对象，这种模式也叫作零地址 Oop 压缩模式（Zero-based Compressed Oops Mode）；
- □ 如果堆的高位大于等于 32GB，说明需要基址，这时如果堆大小小于 4GB，说明基址 + 偏移能定位堆中任意对象；
- □ 如果堆大小处于 4 ~ 32GB，这时只能通过基址 + 偏移 × 缩放（scale）才能定位堆中任意对象。

这三种寻址模式最大支持 32GB 的堆，很显然，如果 Java 堆大于 32GB，那么将无法使用压缩对象指针。

对象头的第二个字段 _metadata 表示对象关联的类（klass）。它是 union 类型，_klass 表示正常的指针，另一个 narrowKlass 是针对 64 位 CPU 的优化。如果开启 -XX:+UseCompressedClassPointers，虚拟机会将指向 klass 的指针压缩为一个无符号 32 位整数（_compressed_klass），剩下的 32 位则用于存放对象字段数据，如果是 typeArrayOop 或 objArrayOop，还能存放数组长度。但是压缩 klass 指针也会遇到和压缩对象指针一样的问题，即寻址范围无法覆盖可能的内存区域，对此，HotSpot VM 的解决方案也是使用基址 + 偏移 × 缩放进行定位，只是这时候 32 位无符号整数偏移是 narrowKlass 而不是 narrowOop。

3.2.3　对象哈希值

_mark 中有一个 hash code 字段，表示对象的哈希值。每个 Java 对象都有自己的哈希值，如果没有重写 Object.hashCode() 方法，那么虚拟机会为它自动生成一个哈希值。

哈希值生成的策略如代码清单 3-4 所示：

代码清单 3-4 对象 hash 值生成策略

```
static inline intptr_t get_next_hash(Thread * Self, oop obj) {
    intptr_t value = 0;
    if (hashCode == 0) {               // Park-Miller 随机数生成器
        value = os::random();
    } else if (hashCode == 1) {  // 每次 STW 时生成 stwRandom 做随机
        intptr_t addrBits = cast_from_oop<intptr_t>(obj) >> 3;
        value = addrBits ^ (addrBits >> 5) ^ GVars.stwRandom;
    } else if (hashCode == 2) {  // 所有对象均为 1, 测试用的
        value = 1;
    } else if (hashCode == 3) {  // 每创建一个对象, hash 值加一
        value = ++GVars.hcSequence;
    } else if (hashCode == 4) {  // 将对象内存地址当作 hash 值
        value = cast_from_oop<intptr_t>(obj);
    } else { // Marsaglia xor-shift 随机数算法, 生成 hashcode
        unsigned t = Self->_hashStateX;
        t ^= (t << 11);
        Self->_hashStateX = Self->_hashStateY;
        Self->_hashStateY = Self->_hashStateZ;
        Self->_hashStateZ = Self->_hashStateW;
        unsigned v = Self->_hashStateW;
        v = (v ^ (v >> 19)) ^ (t ^ (t >> 8));
        Self->_hashStateW = v;
        value = v;
    }
    value &= markOopDesc::hash_mask;
    if (value == 0) value = 0xBAD;
    return value;
}
```

Java 层调用 Object.hashCode() 或者 System.identityHashCode()，最终会调用虚拟机层的 runtime/synchronizer 的 get_next_hash() 生成哈希值。get_next_hash 内置六种可选方案，如代码清单 3-4 所示，可以使用 -XX:hashCode=\<val> 指定生成策略。OpenJDK 12 目前默认的策略是 Marsaglia XOR-Shift 随机数生成器，它通过重复异或和位移自身值，可以得到一个很长的随机数序列周期，生成的随机数序列通过了所有随机性测试。另外，它的速度也非常快，能达到每秒 2 亿次。

3.3 类

Klass 是一个抽象基类，它定义了一些接口（纯虚函数），由 InstanceKlass 继承并

实现这些接口，两者结合可以描述一个 Java 类的方法有哪些、字段有哪些、父类是否存在等。Klass 提供了相当多的关于类的信息，同样可以使用 HotSpot Debugger 可视化，如图 3-5 所示。

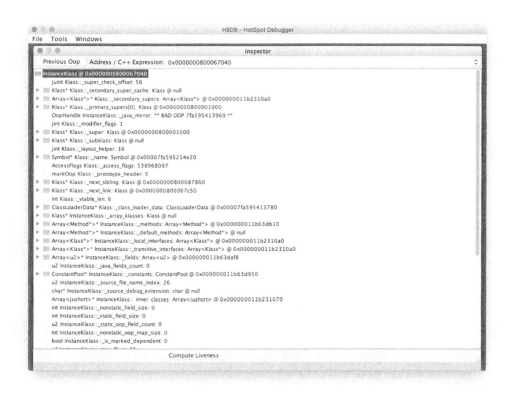

图 3-5　使用 jhsdb hsdb 命令可视化查看 klass

InstanceKlass 在虚拟机层描述大部分的 Java 类，但有少部分 Java 类有特殊语意：普通类的对象在垃圾回收过程中只需要遍历所有实例字段；java.lang.Class 的对象需要遍历实例字段和静态字段；java.lang.ref.* 的对象需要处理被引用对象；java.lang.ClassLoader 需要处理类加载数据。这些类的特殊行为不能用 InstanceKlass 统一表示，因此 InstanceKlass 之下派生出 InstanceMirrorKlass 描述 java.lang.Class 类，InstanceRefKlass 描述 java.lang.ref.* 类，InstanceClassLoaderKlass 描述 java.lang.ClassLoader 类。

3.3.1　字段遍历

在垃圾回收过程中常见的任务是遍历一个对象的所有字段。以 G1 为例，在 Full

GC 过程中会标记所有成员对象, 如代码清单 3-5 所示:

代码清单 3-5　字段遍历

```
inline void G1FullGCMarker::follow_object(oop obj) {
    if (obj->is_objArray()) {            // 如果对象是数组, 则标记每个数组成员
        follow_array((objArrayOop)obj);
    } else {                             // 否则标记对象的每个非静态数据成员
        obj->oop_iterate(mark_closure());
    }
}
// 该方法由上面的 obj->oop_iterate 调用
ALWAYSINLINE void InstanceKlass::oop_oop_iterate_oop_maps(...) {
    OopMapBlock* map            = start_of_nonstatic_oop_maps();
    OopMapBlock* const end_map = map + nonstatic_oop_map_count();
    for (; map < end_map; ++map) {       // 遍历每个 OopMapBlock
        oop_oop_iterate_oop_map<T>(map, obj, closure);
    }
}
```

调用 obj->oop_iterate 后经过一个较长的调用链, 会执行 oop_oop_iterate_oop_maps, 根据代码不难看出它的行为是获取开始 OopMapBlock 和结束 OopMapBlock, 然后遍历这些 OopMapBlock。OopMapBlock 存储了该对象的字段偏移和个数, 分别用 offset 和 count 表示。offset 表示第一个字段相对于对象头的偏移, count 表示对象有多少个字段。另外, 如果有父类, 则再用一个 OopMapBlock 表示父类, 因此通过遍历对象的所有 OopMapBlock 就能访问对象的全部字段。

3.3.2　虚表

如果使用 C++ 编程, 会用一个 Node 表示基类, 由 AddNode 继承 Node, 它们都有一个 print 方法。现在有一个变量 Node *n=new AddNode, 静态类型为 Node, 动态类型为 AddNode, 调用 n->print() 函数会根据 n 的动态类型进行函数派发, 由于 n 的动态类型为 AddNode 所以调用 AddNode::print。在这个过程中, 需要为每个对象插入一个虚表。虚表是一个由函数指针构成的数组, 可以添加编译参数输出它⊖。以上面的变量为例, Node 虚表的第一个元素是指向 Node::print 的函数指针, AddNode 虚表的第一个元素是指向 AddNode::print 的指针, n 在运行时可以通过查找虚表来定位正确的

⊖ gcc 使用 -fdump-class-hierarchy 输出虚表, clang 使用 -Xclang -fdump-vtable-layouts 输出虚表, msvc 使用 /d1reportAllClassLayout 输出虚表。

方法（AddNode::print）。

如果使用 Java 编程，情况就不一样了。根据前面的描述，每个 Java 对象即 oop 都有对象头，对象头里面有一个 _klass 指向对象的正确的 InstanceKlass 类型，而 InstanceKlass 包含了类的所有方法以及父类信息，当执行 n.print() 时，JVM 可以（但是并没有）从对象 n 的对象头里取出 _klass，找到描述 AddNode 类的 Instance Klass，再在其中寻找 print 方法。这一过程并不需要虚表参与。正如上面讨论的，虚表是 Java 动态派发的优化而不是必要组件，就像 native 入口之于 Method，Java 的虚表也是位于 InstanceKlass 之外，如图 3-6 所示。

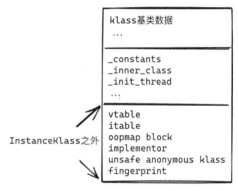

图 3-6　InstanceKlass 布局

第 2 章提到类会经历加载、链接、初始化三个阶段，这里我们只讨论了链接阶段的一些步骤，实际上它还会执行很多额外的步骤，如虚表的初始化也是在链接阶段进行的。HotSpot 会在类加载阶段计算出虚表大小，然后在链接阶段使用 klassVtable::initialize_vtable() 初始化虚表，如代码清单 3-6 所示：

代码清单 3-6　虚表初始化

```
void klassVtable::initialize_vtable(bool checkconstraints, TRAPS) {
    ...
    // 处理当前类的所有方法
    for(int i = 0; i < len; i++) {
        methodHandle mh(THREAD, methods->at(i));
        // 该方法是否为虚方法
        bool needs_new_entry = update_inherited_vtable(...);
        // 如果是，则需要更新当前类的虚表索引
        if (needs_new_entry) {
        put_method_at(mh(), initialized);
        mh()->set_vtable_index(initialized);
        initialized++;
        }
    }
    ...// 和前面类似，处理 default 方法
}
```

update_inherited_vtable 会经过一系列检查来确定一个方法是否为虚方法以及是否需要加入类的虚表。上述例子的 Node 与 AddNode 经过虚表初始化后的 vtable 如图 3-7 所示。

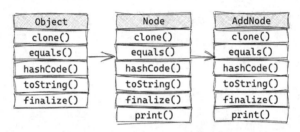

图 3-7 Node 与 AddNode 经过虚表初始化后的 vtable

也可以开启 VM 参数 -Xlog:vtables=trace 查看所有类的虚表的创建过程。在调用虚方法时虚拟机会在运行时常量池中查找 n 的静态类型 Node 的 print 方法，获取它在 Node 虚表中的 index，接着用 index 定位动态类型 AddNode 虚表中的虚方法进行调用。第一步的运行时常量池在 HotSpot VM 中的表示是 oops/ConstantPoolCache，它也是对象和类模型的一部分。

3.4　本章小结

本章主要围绕对象和类的相关内容展开。3.1 节介绍了 HotSpot VM 中对象和类的设计原则。3.2 节介绍了对象和类模型，它们在 JVM 层表示 Java 层的对象。3.3 节介绍了类模型，它们在 JVM 层表示 Java 层的 Class<?>。对象和类共同构成对象类二分模型，是 HotSpot VM 的核心数据结构。

第 4 章　Chapter 4

运　行　时

运行时，顾名思义是指虚拟机运行的时候，它表征程序执行时的状态，本章将讨论虚拟机运行时涉及的方方面面。

4.1　线程创生纪

线程模型描述了 Java 虚拟机中的执行单元，是所有虚拟机组件的最终使能的对象。了解 Java 线程模型有助于了解虚拟机运行的概况。Java 程序可以轻松创建线程，虚拟机本身也需要创建线程。解释器、JIT 编译器、GC 是抽象出来执行某一具体任务的组件，这些组件执行任务时都需要依托线程。所以，为了管理这些五花八门的线程，虚拟机将它们的公有特性抽象出来构成一个线程模型，如图 4-1 所示。

1）Thread：线程基类，定义所有线程都具有的功能。

2）JavaThread：Java 线程在虚拟机层的实现。

3）NonJavaThread：相比 Thread 只多了一个可以遍历所有 NonJavaThread 的能力。

4）ServiceThread：服务线程，会处理一些杂项任务，如检查内存过低、JVMTI 事件发生。

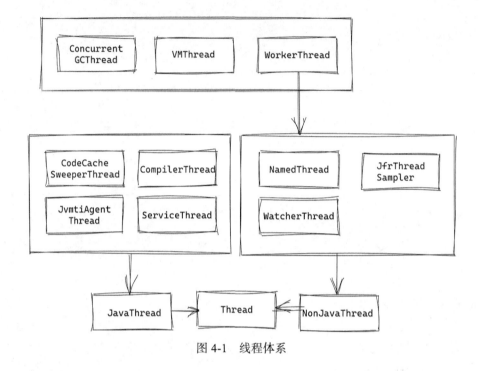

图 4-1　线程体系

5）JvmtiAgentThread：JVMTI 的 RunAgentThread() 方法启动的线程。

6）CompilerThread：JIT 编译器线程。

7）CodeCacheSweeperThread：清理 Code Cache 的线程。

8）WatcherThread：计时器（Timer）线程。

9）JfrThreadSampler：JFR 数据采样线程。

10）VMThread：虚拟机线程，会创建其他线程的线程，也会执行 GC、退优化等。

11）ConcurrentGCThread：与 WorkerThread 及其子类一样，都是为 GC 服务的线程。

当使用命令行工具 java 启动应用程序时，操作系统会定位到 java 启动器的 main 函数，java 启动器调用 JavaMain 完成一个程序的生命周期，如代码清单 4-1 所示，这其中涉及各种线程的创建与销毁：

代码清单 4-1　Java 程序生命周期

```
int JNICALL JavaMain(void * _args){
    ...
    // 初始化 Java 虚拟机
    if (!InitializeJVM(&vm, &env, &ifn)) {
```

```
        JLI_ReportErrorMessage(JVM_ERROR1);
        exit(1);
    }
    ...
    // 加载 main 函数所在的类
    mainClass = LoadMainClass(env, mode, what);
    CHECK_EXCEPTION_NULL_LEAVE(mainClass);
    // 对 GUI 程序的支持
    appClass = GetApplicationClass(env);
    mainArgs = CreateApplicationArgs(env, argv, argc);
    if (dryRun) {
        ret = 0; LEAVE();
    }
    PostJVMInit(env, appClass, vm);
    // 获取 main 方法 id
    mainID = (*env)->GetStaticMethodID(env, mainClass, "main",
                                "([Ljava/lang/String;)V");
    // main 方法调用
    (*env)->CallStaticVoidMethod(env, mainClass, mainID, mainArgs);
    // 启动器的返回值 (非 System.exit 退出)
    ret = (*env)->ExceptionOccurred(env) == NULL ? 0 : 1;
    LEAVE();
}
```

InitializeJVM 会调用 JNI 函数 JNI_CreateJavaVM 初始化虚拟机。JNI_CreateJavaVM 又会将初始化虚拟机的任务委派给 Threads::create_vm。Threads::create_vm 是虚拟机的创生纪，几乎所有 HotSpot VM 组件都会在这一步初始化和创建，有关初始化的问题大部分都能在这找到答案。由于 Threads::create_vm 代码很多无法全部给出，本节将按 Threads::create_vm 代码初始化顺序对 4.1 节进行细分，讨论一些重要的线程初始化过程，读者可以认为 Threads::create_vm 包含了 4.1.1 ～ 4.1.6 节的所有内容。

4.1.1 容器化支持

近几年容器技术越来越流行，作为云原生的技术基石，得到很多应用和服务的广泛应用。容器使用 cgroup 限制 CPU、内存资源，但是 Java 8 早期并没有对容器提供支持（Java 10 提供了对 Linux 容器的支持，并 backport⊖到 Java 8，所以最新的 Java 8 也支持容器），所以当在容器中运行 JVM 时，它会忽略 cgroup 施加的限制，错误地"看

⊖ backport 是指将新版本的某个特性移植到老版本。

到"宿主机的所有 CPU 和内存资源，可能造成一些问题。

Java 10 提供了对容器的支持，使用 -XX:+UseContainerSupport 开启容器支持后，由 Threads::create_vm 调用 OSContainer::init() 检查虚拟机是否运行在容器中，如果是则读取容器所施加的资源限制，并据此设置默认的 GC 线程数、堆大小等。

4.1.2 Java 线程

如代码清单 4-2 所示，JVM 会创建一个 JavaThread 数据结构，然后由 record_stack_base_and_size() 将当前操作系统线程（即执行 Threads::create_vm 代码的线程）的栈顶地址和栈大小保存到 JavaThread 中，由 set_as_starting_thread() 将当前操作系统线程的 id 保存到 JavaThread 中，这样一来 JavaThread 就可以代表当前操作系统线程了。

注意，由于当前操作系统线程后续会解释字节码，而 Java main 方法会通过字节码解释执行的，因此执行 Java main 的线程是 Java 主线程，这里创建的 JavaThread 数据结构也就是常说的 Java 主线程。

代码清单 4-2 Java 线程创建

```
jint Threads::create_vm(JavaVMInitArgs* args, bool* canTryAgain) {
    ...
    // 创建 Java 主线程，附加到当前线程
    JavaThread* main_thread = new JavaThread();
    main_thread->set_thread_state(_thread_in_vm);
    main_thread->initialize_thread_current();
    main_thread->record_stack_base_and_size();
    main_thread->register_thread_stack_with_NMT();
    main_thread->set_active_handles(JNIHandleBlock::allocate_block()
    if (!main_thread->set_as_starting_thread()) {
        ... // 主线程启动失败，虚拟器退出
    }
    // 栈保护页创建
    main_thread->create_stack_guard_pages();
    { // 将 Java 主线程加入全局线程链表，供后续使用
        MutexLocker mu(Threads_lock);
        Threads::add(main_thread);
    }
    ...
}
```

除了要防止栈溢出破坏栈之外的数据结构，语言运行时还会保留最大栈上限所在的一片区域，即保护页（Guard Page），又叫哨兵值（Sentry）、金丝雀（Canary）。当函数返回时检查保护页的值，如果被修改，说明已经到达最大栈上限，此时要终止程序并输出错误。

Java 也有栈溢出，发生时会抛出 Stack OverflowError，输出调用栈和代码行数。这些过程都需要额外执行很多方法，但是发生栈溢出就意味着不能继续执行方法了（因为方法执行需要栈空间）。为了解决这个问题，HotSpot VM 在 C++ 语言运行时提供的保护页（Linux 的 JavaThread 没有）之外会使用 create_stack_guard_pages() 创建额外的保护页来支持栈溢出错误处理，如图 4-2 所示。

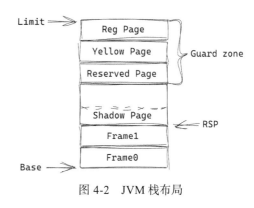

图 4-2　JVM 栈布局

线程栈的最大上限处会保留三块保护页（Guard Page）支持栈溢出，分别是 Reserved Page、Yellow Page、Red Page。图 4-2 中的主要内容分析如下。

1）Reserved Page：Reserved Page 源于 JEP 270[一]，旨在为一些关键段（Critical Section）方法保存外栈空间，让有 @jdk.internal.vm.annotation.ReservedStackAccess 注解的方法能完成执行（如 lock 与 unlock 之间的代码），防止关键段方法中的对象出现不一致的状态。当执行关键段方法时分配的栈顶触及 Reserved Page，则虚拟机会将 Reserved Page 标记为正常栈空间，供关键段方法完成执行，然后再抛出 StackOVerflowError。Reserved Page 的大小由 -XX:+StackReservedPages=<val> 指定。

2）Yellow Page：如果执行 Java 代码时分配的栈顶触及 Yellow Page，则虚拟机会抛出 StackOverflowError，然后将 Yellow Page 标为正常栈空间，让抛异常的代码有栈可用。Yellow Page 的数量由参数 -XX:StackYellowPages=<val> 指定，最后 Yellow Page 占用的空间是 page 数量 *page 大小（page 的大小一般是 4KB，如果开启 -XX:+UseLargePages 且操作系统支持 large page 特性，page 的大小可达到

㊀　https://openjdk.java.net/jeps/270 JEP 270: Reserved Stack Areas for Critical Sections。

4MB)。

3）Red Page：如果执行 Java 代码时分配的栈顶触及 Red Page，则虚拟机会创建错误日志 hs_err_pid<pid>.log 然后关闭虚拟机。同样，为了让创建日志的代码执行，虚拟机会将 Red Page 标为正常栈空间。Red Page 的大小由 -XX:StackRedPages=<val> 指定。

4）Shadow Page：前面区域都是执行 Java 代码出现栈溢出的错误处理。虚拟机还可能执行 native 方法或者虚拟机本身需要执行的方法，这些方法的栈大小不像 Java 代码一样能确定（编译器能确定但是虚拟机不能），如果开启虚拟机参数 -XX:+UseStackBanging，JVM 会分配一块足够大的 Shadow Page 执行，如果 RSP（栈顶指针）超出 Shadow Page 区则抛出 StackOverflowError。

有了 create_stack_guard_pages() 创建的额外的保护页，即便产生 StackOverflowError，虚拟机也能执行额外的代码，正确地抛出 Java 异常并输出调用栈以提醒用户。

4.1.3　虚拟机线程

紧接着使用 VMThread::create() 创建 VMThread 数据结构以及它对应的 VMOperation 队列，VMThread 即虚拟机线程，它是一个相当重要的线程。与前面的 JavaThread 一样，VMThread 只是一个数据结构，要想发挥"可运行"的线程的能力，需要关联一个真正的线程，这个线程就是操作系统线程（OSThread）。上一小节提到 JavaThread 关联的是当前指向代码的操作系统线程，而这里 os::create_thread 会创建一个新的 OSThread 然后关联到 VMThread。在创建了新的 OSThread 后，主线程会将它设置为 ALLOCATED 状态然后阻塞，直到新创建的 OSThread 完成初始化操作并设置为 INITIALIZED，如代码清单 4-3 所示：

代码清单 4-3　VMThread 创建与初始化

```
jint Threads::create_vm(JavaVMInitArgs* args, bool* canTryAgain) {
    ...
    { // 创建虚 VMThread
        VMThread::create();
        Thread* vmthread = VMThread::vm_thread();
        // 创建 VMThread 对应的 OSThread 线程, OSThread 会调用
        // pthread_create 创建真正的内核线程
        if (!os::create_thread(vmthread, os::vm_thread)) {
            ... // 创建失败
```

```
        }
        { //等待 VMThread 准备就绪，然后运行 VMThread
            MutexLocker ml(Notify_lock);
            os::start_thread(vmthread);
            while (vmthread->active_handles() == NULL) {
                Notify_lock->wait();
            }
        }
    }
}
```

当完成这一切后 OSThread 会阻塞，直到主线程执行 os::start_thread。这时情况
再次反转，主线程阻塞在 vmthread->active_handles()，OSThread 继续执行，设置
active_handle() 并最终阻塞在 VMOperation 队列上，等待 VMOperation 任务。当主
线程发现 active_handles 已经设置便解除阻塞，至此 VMThread 创建完成，如图 4-3
所示。

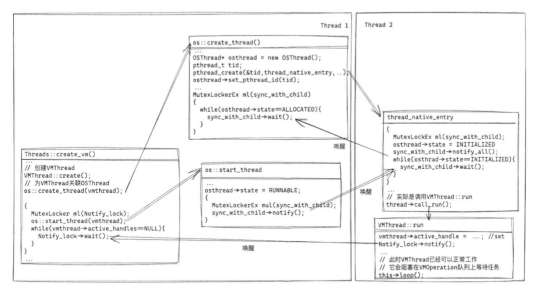

图 4-3　创建 VMThread 图

创建完 VMThread 的效果是 VMThread 阻塞在 VMOperation 队列上，等待其他
线程投放 VMOperation。VMOperation 表示需要 VMThread 执行的各种操作，如代码
清单 4-4 所示：

代码清单 4-4　VM_Operation

```
class VM_Operation: public CHeapObj<mtInternal> {
private:
    Thread*         _calling_thread;    // 发起 VMOperation 的线程
    ThreadPriority  _priority;          // VMOPeration 优先级
    long            _timestamp;         // 创建时间戳
    VM_Operation*   _next;              // 下一个 VMOperation
    VM_Operation*   _prev;              // 上一个 VMOperation
    static const char* _names[];        // VMOperation 名字
public:
     virtual void doit() = 0;           // 具体功能实现
    virtual Mode evaluation_mode(){ return _safepoint; }  // 执行模式
    ...
};
```

evaluation_mode() 会返回当前 VM_Operation 的执行模式，即虚拟机线程以何种方式执行该操作。目前虚拟机支持四种执行模式，具体如下所示。

- ❑ Safepoint：虚拟机线程需要等其他线程和发起操作的线程都进入安全点才能执行操作。
- ❑ No Safepoint：虚拟机线程无须等待其他线程和发起操作的线程进入安全点就能执行该操作。
- ❑ Concurrent：线程发起操作后可继续执行，虚拟机线程执行操作无须等待发起操作的线程和其他线程进入安全点。
- ❑ Asynchronous Safepoint：线程发起操作后可继续执行，但是当虚拟机线程执行该操作时发起操作的线程和其他线程都会进入安全点。

关于安全点会在本书第二部分讨论，简单来说，它是一个全局停顿点，或者说世界停止点，在那里除了 VMThread 外所有线程都暂停执行，那一刻虚拟机可以认为是单线程的。如图 4-4 所示，理解四种状态的关键是想象 JVM 只有三种线程：发起操作的线程、虚拟机线程、其他线程。

并发关乎发起线程与虚拟机线程之间的交互，安全点关乎其他线程和发起线程的交互。OpenJDK 12 有多达 85 种 VMOperation，包括垃圾回收相关操作、退优化、线程状态改变、调试输出、偏向锁偏向、堆遍历等，每一种都继承自 VM_Operation 类，由虚拟机线程执行。

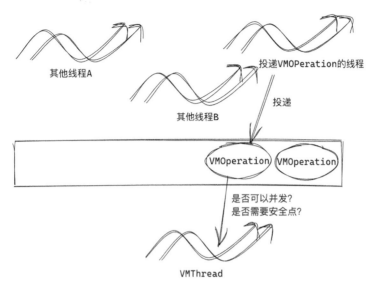

图 4-4 VM_Operation 执行逻辑

4.1.4 编译器线程

Threads::create_vm() 会在中后期调用 CompileBroker::compilation_init_phase1 创建 JIT 编译器线程 CompilerThread。与 VMThread 类似，JIT 编译器线程会阻塞在各自的 CompileQueue 队列，当有编译任务发起时，其他线程会向 CompileQueue 投递一个 CompileTask，然后编译线程启动并进行编译。-XX:CICompilerCount=<val> 可以限制 JIT 编译器线程的数量，这个参数在早期 Java 8 及以前是有意义的，因为该参数基于 CPU 数调整，如果虚拟机运行在容器中无视容器的内存限制和 CPU 数限制，可以通过手动设置该参数解决这个问题。

另外，如果设置了 -XX:+UseDynamicNumberOfCompilerThreads，则虚拟机可以在运行时动态伸缩 JIT 编译器线程数量，使用 -XX:+TraceCompilerThreads 能观察到动态伸缩的过程。更多关于编译的内容会在本书第二部分详细讨论。

如果开启 -XX:+MethodFlushing，虚拟机还会创建 CodeCacheSweeperThread 代码缓存清扫线程。该线程负责清理 Code Cache。因为 Code Cache 中存放了 JIT 编译后的机器代码，如果由于某些原因如退优化、分层编译，或者编译器乐观假设的条件被打破，则 nmethod 会被标记为 made_not_entrant，随后被标记为僵尸方法，此时 nmethod

变得不可用，可以被清理出 Code Cache 区域。

4.1.5　服务线程

Threads::create_vm() 后期会创建服务线程（ServiceThread），而服务线程会检查一系列事件是否发生，如果发生则唤醒执行，否则阻塞等待。

1）低内存探测：检查堆内存和堆外内存（Non-heap memory）的内存分配是否达到阈值。

2）JVMTI deferred 事件：只有 Java 线程能投递 JVMTI 事件，如果非 Java 线程想要投递 JVMTI 事件，如 CompiledMethodLoad（方法被编译并载入内存），CompiledMethodUnload（方法从内存中移除），DynamicCodeGenerated（虚拟机自身组件的，如模板解释器，动态代码生成）事件，只能先投到 JvmtiDeferredQueue 然后等待服务线程拉取处理。

3）GC 通知：GC 完成后会向服务线程投递通知。

4）jcmd 命令：当使用 jcmd 执行一些命令时会向服务线程投递通知。

5）Table 改变：当一些表发生重哈希行为时会设置标记，而服务线程能发现该标记。

6）Oop 区域清理：服务线程会检查一些 Oop 区域是否有可清理的无效引用。

4.1.6　计时器线程

计时器线程（Watcher Thread）是 JVM 内部唯一一个具有最高优先级的线程，它可以模拟计时中断来定时执行某个周期任务（Periodic Task）。计时器线程的具体实现比较简单，首先线程如果没有周期任务就阻塞，如果有周期任务则先睡眠指定时长，然后立刻唤醒执行周期任务。周期任务是 PeriodicTask 及其子类，比较常见的是更新性能计数数据（-XX:+UsePerfData，-XX:PerfDataSamplingInterval=50）的任务和更新内存 Profiling 任务（-XX:+MemProfiling，-XX:MemProfilingInterval=500）。

4.2　Java 线程

4.1 节描述了虚拟机中各式各样的线程及其创建过程，其中尤为重要的是 JavaThread，它是 Java 线程 java.lang.Thread 在 JVM 层的表示，包含很多重要数据。

JavaThread 持有一个指向 java.lang.Thread 对象的指针，即 oop（JavaThread::_threadObj），java.lang.Thread 也持有一个指向 JavaThread 的指针（java.lang.Thread 中的 eetop 字段），只是这个指针是以整数的形式表示，如代码清单 4-5 所示：

代码清单 4-5　线程对象和底层实现的沟通

```
JavaThread* java_lang_Thread::thread(oop java_thread) {
    // 通过线程对象获取 JavaThread（返回 long 值，强制类型转换为 JavaThread*）
    return (JavaThread*)java_thread->address_field(_eetop_offset);
}
class JavaThread: public Thread {
    oop            _threadObj;
    // 通过 JavaThread 获取线程对象
    oop threadObj() const { return _threadObj; }
    ...
};
```

这样 Java 线程对象 oop 能很容易地得到 JavaThread，反过来 JavaThread 也能很容易地得到线程对象。

JavaThread 还持有指向 OSThread 的指针，OSThread 即操作系统线程。线程可以看作执行指令序列的一个实体，指令的执行依赖指令指针寄存器和栈指针寄存器等，它们放到一起就称为线程上下文。如果线程上下文是由硬件提供，那么该线程称为硬件线程；如果线程上下文是由软件提供，那么该线程称为软件线程。硬件线程是指令执行的最终使能对象，一般一个处理器至少提供一个硬件线程，在现实中，一个处理器通常提供两个硬件线程。硬件线程数量对于现代操作系统是远远不够的，通常操作系统会在硬件线程之上构造出操作系统线程（内核线程），然后将操作系统线程映射到硬件线程上。不同的操作系统可能选择不同的映射方式，例如在 Linux 中，操作系统线程以 $M:N$ 映射到硬件线程，而 JavaThread 以 $1:1$ 映射到操作系统线程，此时 JavaThread 调度问题实际转化为操作系统调度内核线程的问题。

线程调度会不可避免地涉及线程状态的转换。在用户看来，Java 线程有 NEW（线程未启动）、RUNNABLE（线程运行中）、BLOCKED（线程阻塞在 monitor 上加锁）、WAITING（线程阻塞等待，直到等待条件被打破）、TIME_WAITING（同 WAITING，等待条件新增超时一项）、TERMINATED（线程结束执行）6 种状态。而虚拟机则对

Java 线程了解得更深刻，它不但知道线程正在执行，还知道线程正在执行哪部分代码：
_thread_new 表示正在初始化；_thread_in_Java 表示线程在执行 Java 代码；_thread_in_
vm 线程在执行虚拟机代码；_thread_blocked 表示线程阻塞。

4.2.1　线程启动

Java 层的 Thread.start() 可以启动新的 Java 线程，该方法在 JVM 层调用 prims/jvm
的 JVM_StartThread 函数启动线程，这个函数会先确保 java.lang.Thread 类已经被虚拟
机可用，然后创建一个 JavaThread 对象。

创建完 JavaThread 对象后，虚拟机设置入口点为一个函数，该函数使用 JavaCalls
模块调用 Thread.run()，再由 Thread.run() 继续调用 Runnable.run()，完成这一切后，虚
拟机设置线程状态为 RUNNABLE 然后启动，如代码清单 4-6 所示：

代码清单 4-6　线程启动

```
// Thread.start() 对应 JVM_StartThread
JVM_ENTRY(void, JVM_StartThread(...))
    ...
    // 虚拟机创建 JavaThread，该类内部会创建操作系统线程，然后关联 Java 线程
    native_thread = new JavaThread(&thread_entry, sz);
    ...
    // 设置线程状态为 RUNNABLE
    Thread::start(native_thread);
JVM_END
// JVM_StartThread 创建操作系统线程，执行 thread_entry 函数
static void thread_entry(JavaThread* thread, TRAPS) {
    HandleMark hm(THREAD);
    Handle obj(THREAD, thread->threadObj());
    JavaValue result(T_VOID);
    // Thread.start() 调用 java.lang.Thread 类的 run 方法
    JavaCalls::call_virtual(&result,obj, SystemDictionary::Thread_klass(), vmSym
        bols::run_method_name(), vmSymbols::void_method_signature(),THREAD);
}
// thread_native 使用 JavaCalls 调用 Java 方法 Thread.run()
public class java.lang.Thread {
    private Runnable target;
    public void run() {
        if (target != null) {
            target.run();  // Thread.run() 又调用 Runnable.run()
        }
    }
    ...
}
```

简而言之,Thread.start() 先用 JNI 进入 JVM 层,创建对应的 JavaThread,再由 JavaThread 创建操作系统线程,然后用 JavaCalls 进入 Java 层,让新线程执行 Runnable.run 代码。对应的线程启动逻辑如图 4-5 所示。

图 4-5　线程启动逻辑

4.2.2　线程停止

线程停止的机制比较特别。在 Java 层面,JDK 会创建一个 ThreadDeath 对象,该类继承自 Error,然后传给 JVM_StopThread 停止线程,如代码清单 4-7 所示:

代码清单 4-7　线程停止

```
JVM_ENTRY(void, JVM_StopThread(...))
    // 获取 JDK 传入的 ThreadDeath 对象,确保不为空
    oop java_throwable = JNIHandles::resolve(throwable);
    if(java_throwable == NULL) {
        THROW(vmSymbols::java_lang_NullPointerException());
    }
    ...
    // 如果要待停止的线程还活着
    if (is_alive) {
        // 如果停止当前线程
        if (thread == receiver) {
            // 抛出 ThreadDeath(Error)停止
```

```
            THROW_OOP(java_throwable);
        } else {
            // 否则停止其他线程，向虚拟机线程投递 VM_ThreadStop
            Thread::send_async_exception(java_thread, java_throwable);
        }
    } else {
        // 否则复活它（停止没有启动的线程是 java.lang.Thread 允许的行为）
        java_lang_Thread::set_stillborn(java_thread);
    }
JVM_END
```

如果要停止的线程是当前线程，那么 JVM_StopThread 只是让它抛出 ThreadDeath Error，这意味着如果捕获 Error 那么线程是不会停止的，如代码清单 4-8 所示：

代码清单 4-8　反常的 Thread.stop()

```
public class ThreadTest {
    public static void main(String[] args) {
        new Thread(()->{
            try{
                Thread.currentThread().stop();
            }catch (Error ignored){ }
            System.out.println("still alive");
        }).start();
    }
}
```

如果停止的不是当前线程，则情况会复杂一些。JVM_ThreadStop 向虚拟机线程投递一个 VM_ThreadStop 的操作，由虚拟机线程负责停止它，一如之前所说。如代码清单 4-9 所示，VM_ThreadStop 是一个 VM_Operation，它的执行模式是 asnyc_safepoint，即发起操作的线程在向虚拟机线程队列投递 VM_ThreadStop 后可继续执行，仅当虚拟机线程执行 VM_ThreadStop 时才需要除了虚拟机线程外的所有线程都到达安全点。

代码清单 4-9　VM_ThreadStop

```
class VM_ThreadStop: public VM_Operation {
    private:
    oop     _thread;        // 要停止的线程
    oop     _throwable;     // ThreadDeath 对象
    public:
    ...
    // 停止线程操作需要异步安全点
    Mode evaluation_mode() const { return _async_safepoint; }
```

```
void doit() {
    //位于全局停顿的安全点
    ThreadsListHandle tlh;
    JavaThread* target = java_lang_Thread::thread(target_thread());
    if(target != NULL && ...) {
        //发送线程停止命令
        target->send_thread_stop(throwable());
    }
}
};
```

VM_ThreadStop::doit() 中的"发送"二字可能有些迷惑性，毕竟位于安全点的除了虚拟机线程外的其他应用线程都停顿了，发送给停顿线程数据意义不大，因此它们无法被观测到。实际上，send_thread_stop() 只是将 JDK 创建的 ThreadDeath 对象设置到目标线程 JavaThread 中的 _pending_async_exception 字段。紧接着目标线程执行每条字节码时会检查是否设置了 _pending_async_exception 字段，如果设置了则转化为 _pending_exception，最后线程退出时会检查是否设置了该字段并根据情况调用 Thread::dispatchUncaughtException()。

与 Thread.resume() 配套的 Thread.suspend() 的实现也使用了类似 Thread.stop() 的机制，前者可让一个线程恢复执行，后者可暂停线程的执行。Thread.suspend() 会向 VMThread 的 VMOperation 队列投递一个执行模式为 safepoint 的 VM_ThreadSuspend 操作，然后等待 VMThread 执行该操作。

这种实现方式导致 Thread.stop 等接口具有潜在的不安全性。因为当 ThreadDeath 异常传播到上层栈帧时，上层栈帧中的 monitor 将会被解锁，如果受这些 monitor 保护的对象正处于不一致状态（如对象正在初始化中），其他线程也会看到对象的不一致状态。换句话说，这些对象结构已经损坏。使用损坏的对象造成任何错误结果并不奇怪，更糟糕的是这些错误可能在很久后才会出现，导致调试困难。基于这些原因，Thread.stop/resume/suspend 接口被标记为废弃，不应该使用。结束线程的正确方式是让线程完成任务后自然消亡。

4.2.3 睡眠与中断

Thread.sleep() 可以让一个线程进入睡眠状态，它在底层调用 JVM_Sleep 方法，如代码清单 4-10 所示：

代码清单 4-10　线程睡眠

```
JVM_ENTRY(void, JVM_Sleep(...))
    JVMWrapper("JVM_Sleep");
    // 如果睡眠时间 <0，则抛出参数错误异常
    if (millis < 0) {
        THROW_MSG(...);
    }
    // 如果待睡眠的线程已经处于中断状态
    if (Thread::is_interrupted (...) && !HAS_PENDING_EXCEPTION) {
        THROW_MSG(...);
    }


    // 保存当前线程状态
    JavaThreadSleepState jtss(thread);
    // 如果睡眠时间为 0, Thread.sleep() 退化为 Thread.yield()
    if (millis == 0) {
        os::naked_yield();
    } else {
        ThreadState old_state = thread->osthread()->get_state();
        thread->osthread()->set_state(SLEEPING);
        if (os::sleep(thread, millis, true) == OS_INTRPT) {
            if (!HAS_PENDING_EXCEPTION) {
                THROW_MSG(...);// 如果睡眠的时候有异步异常发生
            }
        }
        // 恢复之前保存的线程状态
        thread->osthread()->set_state(old_state);
    }
JVM_END
```

Thread.sleep() 首先确保线程睡眠时间大于等于零。接着还需要防止睡眠已经中断的线程，这种情况少见但也会发生，如代码清单 4-11 所示：

代码清单 4-11　睡眠已经中断的线程

```
public class ThreadTest {
    public static void main(String[] args) {
        Thread t = new Thread(()->{
            synchronized (ThreadTest.class){ }
            try {
                Thread.sleep(1000);
            } catch (InterruptedException e) {
                e.printStackTrace();
            }
```

```
        });
        synchronized (ThreadTest.class){
            t.start();
            t.interrupt();
        }
    }
}
```

防止了异常情况后，如果 Thread.sleep() 检查睡眠时间为 0 则会退化为 Thread.
yield()，调用操作系统提供的线程让出函数⊖，如果睡眠时间正常，会调用如代码清
单 4-12 所示的 os::sleep()：

代码清单 4-12　Posix 的 os::sleep()

```
int os::sleep(Thread* thread, jlong millis, bool interruptible) {
    ParkEvent * const slp = thread->_SleepEvent ;
    slp->reset() ;
    OrderAccess::fence() ;
    if (interruptible) {
        jlong prevtime = javaTimeNanos();
        for (;;) {
            // 检查是否中断
            if (os::is_interrupted(thread, true)) {
                return OS_INTRPT;
            }
            // 更精确的睡眠时间
            jlong newtime = javaTimeNanos();
            if (newtime - prevtime < 0) {
            } else {
                millis -= (newtime - prevtime)/NANOSECS_PER_MILLISEC;
            }
            if (millis <= 0) {
                return OS_OK;
            }
            prevtime = newtime;
            ...
            // 进行睡眠
            slp->park(millis);
        }
    } else {
        ... // 类似上面的可中断逻辑，只是少了中断检查
    }
}
```

⊖　Windows 平台是 SwitchToThread()，Linux/BSD 平台是 sched_yield()，Solaris 平台是 thr_yield()。

为了支持可中断的睡眠，HotSpot VM 实际上是使用 ParkEvent 实现的[⊖]。同样地，HotSpot VM 的线程中断也是使用 ParkEvent 实现的，如代码清单 4-13 所示：

代码清单 4-13 线程中断

```
void os::interrupt(Thread* thread) {
    OSThread* osthread = thread->osthread();
    // 如果线程没有处于中断状态，调用 ParkEvent::unpark() 通知睡眠线程中断
    if (!osthread->interrupted()) {
        osthread->set_interrupted(true);
        OrderAccess::fence();
        ParkEvent * const slp = thread->_SleepEvent ;
        if (slp != NULL) slp->unpark() ;
    }
    if (thread->is_Java_thread())
        ((JavaThread*)thread)->parker()->unpark();
    ParkEvent * ev = thread->_ParkEvent ;
    if (ev != NULL) ev->unpark() ;
}
```

ParkEvent 是 Java 层的对象监控器（Object Monitor）语意的底层实现，也是虚拟机内部使用的同步设施的基础依赖。在虚拟机运行时随便打个断点，会看到大多数线程最后一层栈帧都是调用 ParkEvent::park() 随后阻塞。

ParkEvent 还有个孪生兄弟 Parker，用于在底层支持 java.util.concurrent.* 中的各种组件。关于这两者将会在第 6 章中详细讨论。现在可以简单认为 ParkEvent::park() 让线程阻塞等待，ParkEvent::unpark() 唤醒线程执行。

代码清单 4-12 和代码清单 4-13 多次用到 OrderAccess，该组件用于保证内存操作的连续性与一致性，它是 Java 内存模型（Java Memory Model，JMM）的基础设施，有助于虚拟机消除编译器重排序和 CPU 重排序，实现 JMM 中的 Happens-Before 关系等。关于它的更多内容，也会在第 6 章详细讨论。

4.3 栈帧

线程是程序执行的代名词，而程序执行过程中一个至关重要的东西是栈帧。它可

⊖ Windows 平台是个例外，它使用 WaitForSingleObject 支持可中断睡眠，对于不可中断则使用操作系统提供的线程 API Sleep()。

以存放局部变量、方法参数等数据。后进先出（LIFO）的数据结构也原生地为函数调用和递归函数调用提供了可能。在 4.1.2 节中讨论了线程栈顶部的一些保护页和相关机制，本节将关注 4.1.2 节中用于描述方法调用的栈帧（frame），如代码清单 4-14 所示：

代码清单 4-14　frame 结构

```
class frame {
    private:
        intptr_t* _sp;                  // 栈顶指针
        address   _pc;                  // 指向下一条指令的指针（RIP）
        CodeBlob* _cb;                  // 持有 pc 的代码块
        deopt_state _deopt_state;       // 退优化状态（未退优化、退优化、未知）
    public:
        ...
        #include CPU_HEADER(frame)      // 巧妙地用 #include 包含 CPU 架构相关的代码
};
```

HotSpot VM 将 CPU 无关的代码放置于 runtime/frame 中，然后用头文件包含指令 #include 巧妙地根据不同的 CPU 架构包含不同的代码，CPU_HEADER 将会在编译的时候被替换为指定的架构，如 x86 是 hotspot/cpu/x86/frame_x86.hpp。

与前面线程一样，frame 只是一个数据结构，不管有没有这个数据结构，C++ 代码在执行的时候都是存在栈帧的，所以，虚拟机没有创造 frame，它只是借用 frame 这个数据结构来描述栈帧。除了 frame 外还有 vframe，如代码清单 4-15 所示，vframe 是对 frame 的进一步封装，表示 Java 层面的虚拟栈帧。除了 frame 提供的信息外还能通过 vframe 访问到栈帧所属线程和 Callee-saved 寄存器。

代码清单 4-15　vframe 布局

```
class vframe: public ResourceObj {
    protected:
        frame       _fr;        // 物理栈帧
        RegisterMap _reg_map;   // callee-saved 寄存器
        JavaThread* _thread;    // 栈帧所属线程
    public:
        ...
};
```

Callee-saved 表示被调用者保存的寄存器，如果方法调用者希望调用了方法后某些寄存器还能保持原来的值，就需要被调用者在使用它们前提前保存。与之类似的概念是 Caller-saved，即调用者在调用前自行保存这些寄存器的值，而被调用者可以自由使用它。两者的区别就是如果某个寄存器需要在一个调用后使用，那么是调用者保存它的值（Caller-saved）还是被调用者保存它的值（Callee-saved）。

vframe 的 Callee-saved 寄存器保存了调用者的栈底指针（RBP/EBP），也正是因为它保存了该指针，才能放心地通过当前 vframe 获取前一个 vframe，如此继续，直至迭代完所有栈帧。即便如此，vframe 仍显得细节过多，所以虚拟机会在 vframe 上抽象出 javaVFrame 用于表示 Java 栈帧。javaVFrame 栈帧还可以细分为解释器栈帧（interpretedVFrame）和编译代码栈帧（compiledVFrame）。这些新的栈帧几乎没有增加数据结构，只是相比 frame 而言更方便。

后面在第 10 章会讲到，垃圾回收器从 GC Root 出发寻找存活对象。很多地方都属于 GC Root，其中之一便是线程栈。垃圾回收器遍历线程上的每个 frame（所有 frame 构成一个线程栈），然后调用 frame::oops_do() 寻找 frame 中的所有对象引用，并以它们为起始进行对象标记，如代码清单 4-16 所示：

代码清单 4-16　frame::oops_do

```
void frmae::oops_do(...) { oops_do_internal(...); }
void frame::oops_do_internal(...) {
    if (is_interpreted_frame()) {              // 解释器栈帧
        oops_interpreted_do(f, map, use_interpreter_oop_map_cache);
    } else if (is_entry_frame()) {             // call_stub 调用起始栈帧
        oops_entry_do(f, map);
    } else if (CodeCache::contains(pc())) { // 编译后代码栈帧
        oops_code_blob_do(f, cf, map);
    } else {
        ShouldNotReachHere();
    }
}
```

不同类型的栈帧存放引用的位置不同，如解释器栈中 monitor 区域存在引用、参数区域存在引用、编译后的代码中 OopMapSet 和参数区存在引用，所以 frame::do_oops() 需要区分它们并找到所有引用。

4.4　Java/JVM 沟通

Java 代码没有能力创造线程，它必须通过 JNI 的形式请求虚拟机来创造，而某些情况下 JVM 也需要调用 Java 方法，两者需要一种方式来沟通，这种方式便是 JNI 和

JavaCalls，它们是 JVM 和 Java 沟通的桥梁，如图 4-6 所示。

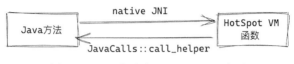

图 4-6　Java 方法和 HotSpot VM 交互

有时 Java 标准库不提供或者没有及时提供平台特定的一些功能，有时有些库可能使用其他语言编写，但 Java 代码希望调用它们，还有时用户希望使用汇编或者其他的低级语言实现一些时间敏感的逻辑。为了满足这些需求，Java 设计了 JNI（Java Native Interface）。当 Java 方法被 native 关键字修饰时（native 方法），该方法通过 JNI 进入虚拟机内部，调用对应的虚拟机中函数（JNI 函数）。

4.4.1　JNI

开发者通常使用 Class<?>.getDeclaredFields() 获取某类的所有（父类除外）字段。在具体实现中，它调用 native 修饰的方法 getDeclaredFields0，该方法又通过 JNI 调用虚拟机内部的 JNI 函数 JVM_GetClassDeclaredFields。那么虚拟机如何知道 native 方法 getDeclaredFields0 对应的 JNI 函数 JVM_GetClassDeclaredFields 呢？答案是使用 Class<?>.registerNatives。

当类加载时，虚拟机调用静态代码块的 Class<?>.registerNatives 方法，如代码清单 4-17 所示，该方法会告诉虚拟机两者的对应关系。后续如果调用 getDeclaredFields0，虚拟机可以根据之前注册的关系找到 JVM_GetClassDeclaredFields。

代码清单 4-17　Class.getDeclaredFields() 的 JNI 实现

```
static JNINativeMethod methods[] = {
    {"getDeclaredFields0",
    "(Z)[" FLD,
    (void *)&JVM_GetClassDeclaredFields}, ...
};
JNIEXPORT void JNICALL
Java_java_lang_Class_registerNatives(JNIEnv *env, jclass cls){
    methods[1].fnPtr = (void *)(*env)->GetSuperclass;
    (*env)->RegisterNatives(env, cls, methods,
                       sizeof(methods)/sizeof(JNINativeMethod));
}
```

HotSpot VM 将一些 JNI 函数放入一个数组（methods），然后用 registerNatives 统一注册。在 JDK 源码中，有很多类（如 java.lang.Class, java.lang.Object, java.lang.System）都有这个注册函数，它们都是在一个类的静态代码块里面调用 registerNatives。这也意味着如果类没有经历初始化阶段（即 <clinit> 没有调用，参见第 2 章），部分未经注册的 JNI 函数是不能使用的。在第 2 章提到，Java 方法在虚拟机中的表示是 Method，Method 里面有很多入口，而所谓注册，就是设置 native 方法的入口，如代码清单 4-18 所示，只是这个入口位置比较奇怪，不在 Method 中而是在其后。

代码清单 4-18　native 方法入口

```
void Method::set_native_function(...) {
    // native_function_addr 会返回 Method 之后的位置
    address* native_function = native_function_addr();
    address current = *native_function;
    // 如果已经注册过就返回
    if (current == function) return;
    // 否则将 native 方法入口地址写到 Method 之后的位置
    *native_function = function;
}
```

set_native_function 会将 JNI 函数地址写到 Method 后的 native_function_addr，如图 4-7 所示。

如果是普通 Java 方法，Method 就存放一切需要的入口地址，比如解释器入口地址、JIT 编译后的入口地址，此时 Method 后面没有附加内容。但是如果 Java 方法是 native，其对应的 JNI 函数地址会放到 Method 后面的第一个附加槽（不属于 Method 数据结构的部分），这个"将 JNI 函数地址放入第一个槽"就是 registerNative()

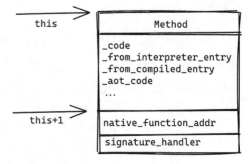

图 4-7　Method 与 native 方法布局

要完成的。这样之后 registerNative 注册的 native 方法就能在类初始化后被调用了。

实际上，在日常开发中可以用 javah 生成 C++ 函数，即 JNI 函数，它和 Java 的 native 方法"自动"对应，无须用到 registerNative。这是因为虚拟机也会根据 native 方法名称和参数类型按照一定的规范查找 JNI 函数。根据用户编写的 native 方法找到对应的 JNI 函数是一个复杂的过程，虚拟机会经历一个很长的查找链。

1）解释器遇到 native 方法，调用 InterpreterRuntime::prepare_native_call 准备。

2）prepare_native_call 检查 Method 是否存在附加槽（是否已经有 native 入口），如果存在直接返回；如果不存在则用 NativeLookup::lookup 继续后面的查找过程。

3）NativeLookup::lookup 调用 Java 代码 ClassLoader.findNative。

4）findNative 在 synchronized 块内寻找所有动态链接库，然后又调用一个 native 方法回到 JVM 层，这个 native 方法最终调用 JVM_FindLibraryEntry。

5）JVM_FindLibraryEntry 代理操作系统相关的动态链接 API os::dll_lookup。

6）os::dll_lookup 平台相关，在 Linux/OS X 上调用 dlsym()，在 Windows 上调用 GetProcAddress。

查找 native 方法对应的 JNI 函数涉及多个状态层的转换，甚至还包含 synchronized 代码块，如图 4-8 所示。

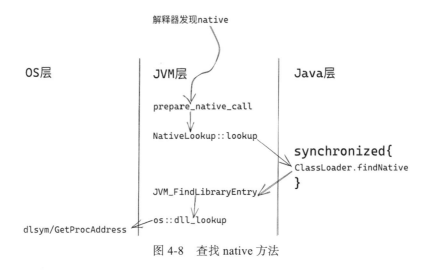

图 4-8　查找 native 方法

如果使用 registerNative 提前注册，类初始化阶段会完成这些准备工作，否则上述开销将会推迟到运行时。

Method 后面第二个槽 signature_handler 会在紧接着 JNI 入口设置后设置，它的作用和第 2 章提到的 i2c/c2i 适配器的作用一样：消除 Java 解释器栈和 C 栈调用约定的不同，将位于解释器栈中的参数适配到 JNI 函数使用的 C 栈。

如图 4-9 所示，假如有一个 native 方法，签名是 (JID)I。当调用它时，signature handler 会根据《Java 虚拟机规范》的描述解析方法签名字符串，得到参数是 this 指 针（long）、long、int 和 double，返回值为 int。它会将解释器栈上这些参数放到 C 栈上，然后根据调用约定（x64 gcc 遵 循 System V AMD64 ABI），将 C 栈上一些参数再尽可能放入寄存器。由于该调用约定可以将至多 6 个整数放入通用寄存器，8 个浮点数放入 xmm 寄存器，因此本例中的 4 个参数都会放入寄存器。

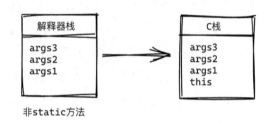

图 4-9　JNI 参数处理器

除此之外，参数 -XX:+UseFastSignatureHandlers（默认开启）还会启用一个优化：对于不超过 13 个参数的 native 方法，signature handler 会走快速路径。所谓快速路径是指 JVM 计算方法签名字符串得到一个 64 位整数方法指纹（Method Fingerprint）值，后续 signature handler 将不需要每次都解析签名字符串得到参数个数和类型，而是直接用方法指纹值。同时快速路径也不会将参数放到 C 栈再取一些放入寄存器而是一步到位，直接放入寄存器或者 C 栈（如果寄存器放不下）。

上面的讨论说明如果 native 方法参数不超过 13 个，则有较高性能提升，如果参数个数在调用约定允许的寄存器范围内，可以让 native 调用性能到达最佳。

4.4.2　JavaCalls

前面提到过 Java 线程设置了入口后使用 JavaCalls 执行 Java 方法 Thread.run()。在虚拟机中，Java 代码通过 JNI 调用 JVM 方法，而 JVM 反过来通过 JavaCalls 模块调用 Java 方法。

JavaCalls 模块可细分为 call_virtual 调用 Java 虚方法、call_static 调用 Java 静态方法等。虚方法调用会根据对象类型进行方法决议，所以需要获取对象引用再查找实际要调用的方法，而静态方法调用直接查找要调用的方法即可。无论如何，这些

方法都是先找到要调用的方法的 methodHandle，然后传给如代码清单 4-19 所示的
JavaCalls::call_helper() 做实际调用：

代码清单 4-19　JavaCalls 方法调用

```
void JavaCalls::call_helper(...) {
    ...
    //调用函数指针 _call_stub_entry, 把实际的函数调用工作转交给它
    { JavaCallWrapper link(method, receiver, result, CHECK);
        { HandleMark hm(thread);
            StubRoutines::call_stub()(
                (address)&link,
                result_val_address,
                result_type,
                method(),
                entry_point,
                args->parameters(),
                args->size_of_parameters(),
                CHECK
            );
            ...
        }
    }
}
```

严格来说，call_helper 还没有做方法调用，它只是检查方法是否需要编译，验证
参数是否正确等，最终它会跳转到函数指针 _call_stub_entry 处，把方法调用这件事又
转交给 _call_stub_entry。_call_stub_entry 由 generate_call_stub() 生成，这是一个运行
时代码生成的过程，会在本书后面数次遇到，简单来说是虚拟机在初始化阶段为这些
stub 生成一段固定的机器代码，并放入内存，后续可以跳转到这段内存，将数据当作
代码执行。

_call_stub_entry 会调用 Java 方法，而调用 Java 方法前需要建立栈帧，所以它也会
负责栈帧的创建。这个栈帧里面保存了一些重要的数据，包括 Java 方法的参数和返回
地址。当一切准备就绪，就可以调用 Java 方法了。需要注意的是，Java 方法不是机器
代码，不能被 CPU 直接执行，这里说的调用 Java 方法更确切来说是跳转到解释器入口
entry_point 处，由解释器解释执行 Java 方法，如图 4-10 所示。

entry_point 即第 2 章类链接阶段设置的，实际上 entry_point 到解释器真正解释
Java 代码还有一小段距离，这里为了便于理解可以将它看作解释器入口。entry_point

也是一段机器代码，也是通过运行时代码生成技术在虚拟机初始化时动态生成的，关于它的生成将会在第 5 章讨论。

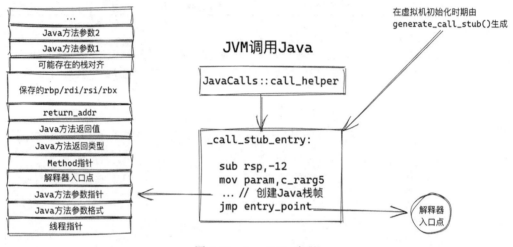

图 4-10　JavaCalls 流程

4.5　Unsafe 类

99% 的开发者不使用 Unsafe 类，也可能从未听说过它，但是有 1% 的开发者使用 Unsafe 类，这些 1% 的开发者通常写一些广泛使用的库，使得 99% 的开发者被传递性地使用 Unsafe 类（尽管 Unsafe 类的意图是仅为 JDK 内部提供服务）。

目前的用户的困境是：不使用 Unsafe 类会受到诸多限制，其他可选方案很可能是低效的，比如 ByteBuffer API。但如果使用 Unsafe 类，就失去了 Java 这门安全语言对于安全的保证，用户也可能被 Unsafe 类的锋利所伤害，导致虚拟机崩溃，代码变得不可移植，或者 JDK 升级后代码行为发生改变等。基于这些原因，Java 社区逐渐为 Unsafe 类中一些确实有用的方法提供了安全的替代方案。JEP 193 引入的 VarHandle，它可以替代 JUC.atomic 和 Unsafe 类的部分操作，并提供了标准的内存屏障方法。JEP 370 提供了外部内存访问 API（JDK15 二次孵化）可以安全且高效地访问堆外内存。

尽管如此，在笔者写作本书之时，Unsafe 类仍然是很多三方库实现某些少见需求的首选，在它的替代品日臻完善期间，还是有必要单独讨论下 Unsafe 类。本节剩余内容将简单介绍 Unsafe 类中的一些重要方法。

4.5.1 堆外内存

Java 堆又叫堆内内存，它交由垃圾回收器全权负责，垃圾回收器在其上分配内存、储存对象、释放内存。与之相对的概念是堆外内存（Off-heap），这部分内存不受垃圾回收器控制，由开发者自行负责。调用 java.nio.ByteBuffer.allocateDirect() 可以分配堆外内存，allocateDiret() 实际上是借助 Unsafe.AllocateMemory 实现分配堆外内存分配的，如代码清单 4-20 所示：

代码清单 4-20　Unsafe.allocateMemory/freeMemory 底层实现

```
UNSAFE_ENTRY(jlong, Unsafe_AllocateMemory0(...)) {
    size_t sz = (size_t)size;
    sz = align_up(sz, HeapWordSize);
    void* x = os::malloc(sz, mtOther);
    return addr_to_java(x);
} UNSAFE_END

UNSAFE_ENTRY(void, Unsafe_FreeMemory0(...)) {
    void* p = addr_from_java(addr);
    os::free(p);
} UNSAFE_END
```

在底层实现中，调用 os::malloc/free 完成。os::malloc/free 又是调用 glibc 的 malloc/free 函数，所以堆外内存是指由 malloc 直接分配的一片内存，虚拟机的垃圾回收器不会回收这片内存中的对象，这片内存的管理和释放全权交给开发者。

4.5.2 内存屏障

虽然 JSR 133 删除模型规定了若干需要插入内存屏障的位置，虚拟机很好地完成了这些任务，但是 Java 层面是不支持内存屏障的，为了支持以后 JUC 可能出现的新 API 特性，也为了 Java 开发者能进行高级并发编程，JEP 171 在 Unsafe 类中增加了内存屏障方法 loadFence/storeFence/fullFence 方法，如代码清单 4-21 所示：

代码清单 4-21　Unsafe.loadFence/storeFence/fullFence 底层实现

```
UNSAFE_LEAF(void, Unsafe_LoadFence(JNIEnv *env, jobject unsafe)) {
    OrderAccess::acquire();
} UNSAFE_END
```

```
UNSAFE_LEAF(void, Unsafe_StoreFence(JNIEnv *env, jobject unsafe)) {
    OrderAccess::release();
} UNSAFE_END

UNSAFE_LEAF(void, Unsafe_FullFence(JNIEnv *env, jobject unsafe)) {
    OrderAccess::fence();
} UNSAFE_END
```

通过调用它们可以直接使用内存屏障指令，如 x86 的 lfence、sfence 和 mfence。

4.5.3 阻塞和唤醒

java.util.concurrent（简称 JUC）包含很多并发组件，这些并发组件可以阻塞线程的执行，唤醒线程。这些行为的背后都依赖 java.util.concurrent.locks.LockSupport 的 park/unpark 方法，而 LockSupport.park/unpark 又最终调用 Unsafe.park/unpark 实现其功能，如代码清单 4-22 所示：

代码清单 4-22　Unsafe.park/unpark 底层实现

```
UNSAFE_ENTRY(void, Unsafe_Park(...)) {
    ...
    thread->parker()->park(isAbsolute != 0, time);
} UNSAFE_END

UNSAFE_ENTRY(void, Unsafe_Unpark(...)) {
    Parker* p = NULL;
    ...
    if (p != NULL) {
        HOTSPOT_THREAD_UNPARK((uintptr_t) p);
        p->unpark();
    }
} UNSAFE_END
```

JUC 背后与虚拟机交互的接口就是 Unsafe.park/unpark，可以说 Unsafe.park/unpark 是整个 JUC 的基石。

4.5.4 对象数据修改

Java 提供了 java.io.Serializable，配合 ObjectOutputStream/ObjectInputStream 可以实现对象序列化和反序列化，但这是一个很慢的操作，还限制类必须提供无参的 public 构造方法。一些高性能第三方库会使用 Unsafe 类完成序列化和反序列化操作，它们调用 Unsafe.getInt(Object o, long offset) 等获取对象 o 所在偏移 offset 处的字段进行序列化。用 Unsafe.allocateInstance 调用对象的构造方法生成对象,再用 Unsafe.putLong(Object o, long offset, long x) 等将对象 o 所在偏移 offset 的字段设置为 x 值,以此来反序列化。这种方式被广泛用于一些第三方库,如著名开源分布式 NoSQL 数据库系统 Cassandra。

4.6 本章小结

4.1 节讨论了 JVM 中五花八门的线程以及它们的作用。4.2 节从源码角度分析线程 API 的实现,同时扩展分析线程 API 实现时涉及的其他重要模块如 JavaCalls、os,并简单提及 ParkEvent、Parker、OrderAccess 组件。4.3 节讨论了线程栈帧的实现。4.4 节讨论虚拟机层的代码如何与 Java 层的代码交互,以此引出 JNI 和 JavaCalls 模块。4.5 节讨论 JDK 中的 Unsafe 类,并给出它在虚拟机的具体实现。

Chapter 5 第 5 章

模板解释器

最简单的 Java 虚拟机可以只包括类加载器和解释器：类加载器加载字节码 iconst_1、iconst_1、iadd 并传给虚拟机，解释器按照字节码计算并得到结果。在没有 JIT 编译器的情况下，解释器从某种程度上来说就是虚拟机本体，有关虚拟机的绝大部分问题都能在解释器中找到答案。本章将详细讨论解释器的内部构造和解释执行过程。

5.1 解释器体系

众所周知，HotSpot VM 默认使用解释和编译混合（-Xmixed）的方式执行代码。首先它使用模板解释器对字节码进行解释，当发现一段代码是热点时，就使用 C1 或 C2 即时编译器优化编译后再执行，这也是它的名字——"热点"的由来。解释器的代码位于 hotspot/share/interpreter，它的总体架构如图 5-1 所示。

HotSpot VM 有一个 C++ 字节码解释器，还有一个模板解释器（Template Interpreter），它们有很大的区别。

5.1.1 C++ 解释器行为

对于 Java 字节码 istore_0 和 iadd 来说，如果是 C++ 字节码解释器（见图 5-1 右侧部分所示），那么它的工作流程如代码清单 5-1 所示。

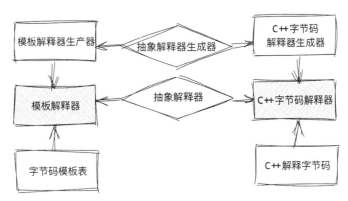

图 5-1 解释器体系

代码清单 5-1 C++ 字节码解释器伪代码

```
void cppInterpreter::work(){
    for(int i=0;i<bytecode.length();i++){
        switch(bytecode[i]){
            case ISTORE_0:
                int value = operandStack.pop();
                localVar[0] = value;
                break;
            case IADD:
                int v1 = operandStack.pop();
                int v2 = operandStack.pop();
                int res = v1+v2;
                operandStack.push(res);
                break;
            ....
        }
    }
}
```

C++ 解释器使用 C++ 语言模拟字节码的执行：iadd 是两个数相加，字节码解释器从栈上 pop 两个数据然后求和，再 push 到栈上。如果是模板解释器就完全不一样了。

5.1.2 模板解释器行为

模板解释器是一堆机器代码的例程，会在虚拟机创建时初始化好，换句话说，模板解释器在虚拟机初始化的时候为 iadd 和 istore_0 申请两片内存，并设置为可读、可写、可执行，然后向内存写入模拟 iadd 和 istore_0 执行的机器代码。在解释执行时遇到 iadd，跳转到相应内存，并将该片内存的数据视作代码直接执行。

通常，JIT 暗指即时编译器，但是 JIT（Just-In-Time）这个词本身并没有编译器的含义，它只是表示"即时"，如果按照这个定义，JIT 指运行时机器代码生成技术。在这个定义下，模板解释器也属于 JIT 范畴，因为根据上面的描述，它的各个组件如同各种字节码，异常处理、安全点处理等都是在虚拟机启动的时候动态生成机器代码，然后组成一个整体的。如果上面的描述太过抽象，可以参见代码清单 5-2，它直观地说明了模板解释器是什么。

代码清单 5-2　模板解释器

```cpp
class TemplateInterpreter: public AbstractInterpreter {
protected:
    static address       _throw_ArrayIndexOutOfBoundsException_entry;
    static address       _throw_ArrayStoreException_entry;
    static address       _throw_ArithmeticException_entry;
    static address       _throw_ClassCastException_entry;
    static address       _throw_NullPointerException_entry;
    static address       _throw_exception_entry;
    static address       _throw_StackOverflowError_entry;
    static address       _remove_activation_entry;
    static address       _remove_activation_preserving_args_entry;
    static EntryPoint    _return_entry[number_of_return_entries];
    static EntryPoint    _earlyret_entry;
    static EntryPoint    _deopt_entry[number_of_deopt_entries];
    static address       _deopt_reexecute_return_entry;
    static EntryPoint    _safept_entry;
    static DispatchTable _active_table;
    static DispatchTable _normal_table;
    static DispatchTable _safept_table;
    static address       _wentry_point[DispatchTable::length];
    ...
};
```

TemplateInterpreter 包含各种机器代码入口，例如字节码对应的机器代码模板（_normal_table）、退优化的机器代码（_deopt_entry）、常见异常发生时的机器代码（_throw_X）。除此之外，TemplateInterpreter 继承自 AbstractInterpreter，也包含一些机器代码入口，如代码清单 5-3 所示。

代码清单 5-3　抽象解释器

```cpp
class AbstractInterpreter: AllStatic {
protected:
```

```
    static StubQueue*  _code;
    static bool        _notice_safepoints;
    static address     _native_entry_begin;
    static address     _native_entry_end;
    //方法入口点
    static address     _entry_table[number_of_method_entries];
    static address     _cds_entry_table[number_of_method_entries];
    static address     _slow_signature_handler;
    static address     _rethrow_exception_entry;
    ...
};
```

如代码清单 5-3 所示，抽象解释器中包含普通方法入口的机器代码（_entry_table）、
CDS 方法入口的机器代码（_cds_entry_table）、第 4 章提到的处理解释器与 JNI 调用
约定的机器代码（_slow_signature_handler）等。_entry_table 等价于代码清单 5-1 中的
for-switch，也就是说，模板解释器把"遍历方法字节码然后逐个执行"这一过程也写
成了机器代码。

5.2　机器代码片段

上面的 TemplateInterpreter 和 AbstractInterpreter 包含各种机器代码片段，它们构
成解释器本体。机器代码片段的生成是由 TemplateInterpreterGenerator 完成的，它是
解释器本体的生成器。关于重要入口机器代码的生成过程将在本章后面详细描述，这
里我们关心的是生成的机器代码片段，它们都会放入桩代码队列（_code），如代码清
单 5-4 所示。

代码清单 5-4　桩代码队列

```
class StubQueue: public CHeapObj<mtCode> {
    private:
        StubInterface* _stub_interface;   // 沟通 Stub 和 StubQueue 的接口
        address        _stub_buffer;      // 存放机器的地方（buffer）
        int            _buffer_size;      //buffer 大小
        int            _buffer_limit;     //buffer 大小限制
        int            _queue_begin;      // 队列开始
        int            _queue_end;        // 队列结束
        int            _number_of_stubs;  // 机器代码片段个数
        Mutex* const   _mutex;
    public:
        StubQueue::StubQueue(...) : _mutex(lock) {
```

```
        intptr_t size = align_up(buffer_size, 2*BytesPerWord);
        BufferBlob* blob = BufferBlob::create(name, size);
        if( blob == NULL) {
            vm_exit_out_of_memory(...);
        }
        _stub_interface  = stub_interface;
        _buffer_size     = blob->content_size();
        _buffer_limit    = blob->content_size();
        _stub_buffer     = blob->content_begin();
        _queue_begin     = 0;
        _queue_end       = 0;
        _number_of_stubs = 0;
    }
};
```

StubQueue 是 code/stubs 中的一个结构。它抽象出一个存放机器代码片段的队列，当模板解释器的生成器生成机器代码时会将代码片段放入该队列。StubQueue 只是一个队列抽象，真正存放机器代码的片段是 _stub_buffer，它由 BufferBlob::create() 创建。

5.3 CodeCache

在 HotSpot VM 中，除了模板解释器外，有很多地方也会用到运行时机器代码生成技术，如广为人知的 C1 编译器产出、C2 编译器产出、C2I/I2C 适配器代码片段、解释器到 JNI 适配器的代码片段等。为了统一管理这些运行时生成的机器代码，HotSpot VM 抽象出一个 CodeBlob 体系，由 CodeBlob 作为基类表示所有运行时生成的机器代码，并衍生出五花八门的子类：

1）CompiledMethod：编译后的 Java 方法。

　　a）nmethod：JIT 编译后的 Java 方法。

　　b）AOTCompiledMethod：AOT 编译的方法。

2）RuntimeBlob：非编译后的代码片段。

　　a）BufferBlob：解释器等使用的代码片段。

　　　❑ AdapterBlob：C2I/I2C 适配器代码片段。

　　　❑ VtableBlob：虚表代码片段。

　　　❑ MethodHandleAdapterBlob：MethodHandle 代码片段。

　　b）RuntimeStub：调用运行时方法的代码片段。

  c）SingletonBlob：单例代码片段。

  ❑ DeoptimizationBlob：退优化代码片段。

  ❑ ExceptionBlob：异常处理代码片段。

  ❑ SafepointBlob：错误指令异常处理代码片段。

  ❑ UncommonTrapBlob：打破编译器假设的稀有情况代码片段。

前面提到过 C2I/I2C 适配器代码片段，它们就存放在 AdapterBlob 中。解释器到 JNI 的调用约定适配器代码片段和模板解释器一样，都存放在 BufferBlob 中。前面进行分类是为了区分代码片段的类型，而统一管理这些即时生成的机器代码片段的区域是 CodeCache，由虚拟机将所有 CodeBlob 都放入 CodeCache。

第 4 章曾提到 Threads::create_vm 会初始化线程和组件，CodeCache 便是这里所说的组件之一，它在 Threads::create_vm 初始化主线程后初始化，如代码清单 5-5 所示。

代码清单 5-5　CodeCache 初始化

```
void CodeCache::initialize() {
    ... // 开启分段 CodeCache，将运行时生成的代码片段按类别放到三个区域
    if (SegmentedCodeCache) {
        initialize_heaps();
    } else {
        ... // 不开启分段 CodeCache，所有运行时生成的代码片段都放到一个区域
        add_heap(rs, "CodeCache", CodeBlobType::All);
    }
    // 初始化指令缓存刷新模块（ICache Flush）
    icache_init();
    // * Windows 上为 CodeCache 中的运行时生成的代码注册结构化异常处理（SEH）
    os::register_code_area((char*)low_bound(), (char*)high_bound());
}
```

CodeCache 区域的最大空间可以用 -XX:ReservedCodeCacheSize=<val> 指定。Java 9 在 JEP 197 中引入了 CodeCache 分段。如果没有开启 CodeCache 分段，JVM 会用一个区域存放所有运行时生成的代码片段。如果使用 -XX:+SegmentedCodeCache 开启分段，JVM 会将 CodeCache 内部拆分为三个区域，分别用于存放非 nmethod 代码片段（如解释器、C2I/I2C 适配器等）、处于分层编译的 2 和 3 级别带 Profiling 信息的 nmethod、处于分层编译的 1 和 4 级别不带 Profiling 信息的 nmethod。CodeCache 分段有很多好处，比如：

❑ 分隔非 nmethod 方法，例如带 Profiling 的 nmethod 与不带 Profiling 的 nmethod，可以根据需要访问不同的区域，无须每次遍历整个 CodeCache。

❑ 提升程序运行时尤其是 GC 的性能。在开启分段堆后 GC 扫描根只需要遍历一个区域。

❑ 提升代码局部性，因为相同类型的代码很有可能在最近一段时间被频繁访问。

5.4　指令缓存刷新

模板解释器和 JIT 编译器都重度依赖运行时代码生成技术，它们在运行时向内存写入数据，这些数据可以被当作指令执行。CPU 和主存间一般有 L1、L2、L3 三级高速缓存，L1 级高速缓存又可以分为指令缓存（Instruction Cache）和数据缓存（Data Cache），这样划分后 CPU 可以同时获取指令和数据，进而提升性能，但是也带来了一致性问题。

处理器只能执行位于指令缓存中的指令，不能直接将数据缓存中的数据视作指令来执行。同时处理器只能看到位于数据缓存中的数据，不能直接访问内存。因为不能直接修改指令缓存和内存，所以会出现如图 5-2 所示的情况。

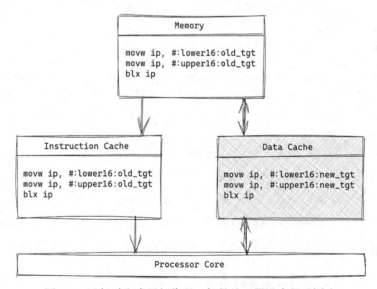

图 5-2　运行时生成了新代码，但是处理器没来得及同步

处理器未来会自动将数据缓存的数据写回内存，然后指令缓存重新读取位于内存的指令，但是没有办法知道处理器何时这样做。举个例子，如果虚拟机运行时生成了新的代码想要立即执行它们，处理器可能会忽略它们执行旧的代码，因为旧的代码仍然位于指令缓存中。观察图片的箭头不难知道，要解决这个问题需要强制将数据缓存中的新数据先写回内存，然后载入指令缓存，如图 5-3 所示。

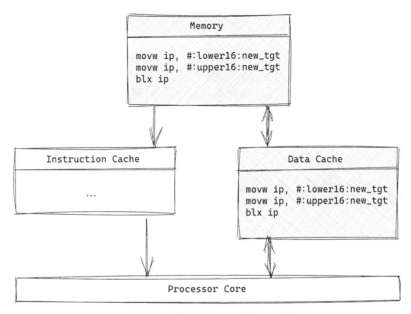

图 5-3　无效化指令缓存，等待处理器同步

要想执行新的指令，可以强制刷新指令缓存的数据，使缓存的指令无效化，这时处理器会主动将数据缓存中的数据写入内存，然后读取内存的新指令到指令缓存。HotSpot VM 中无效化指令缓存的操作由 runtime/icache 模块完成，CodeCache 区域初始化后会调用 icache_init() 初始化指令缓存刷新模块，如代码清单 5-6 所示。

代码清单 5-6　指令缓存清理的实现

```
void ICacheStubGenerator::generate_icache_flush(...) {
    ...
    // 如果待清理的内存地址为 0，则跳过清理
    __ testl(lines, lines);
    __ jcc(Assembler::zero, done);
    // 禁止 CPU 指令重排序（只能使用 mfence 屏障）
    __ mfence();
```

```
    // 否则清理 [0, ICache::line_size] 内存地址范围内的缓存行
    __ bind(flush_line);
    __ clflush(Address(addr, 0)); // 底层是 x86 的 clflush 实现
    __ addptr(addr, ICache::line_size);
    __ decrementl(lines);
    __ jcc(Assembler::notZero, flush_line);

    // 禁止 CPU 指令重排序
    __ mfence();
    // 清理完成
    __ bind(done);
    __ ret(0);
    *flush_icache_stub = (ICache::flush_icache_stub_t)start;
}
```

x86 上指令缓存刷新是由 clflush 指令实现的，该指令是唯一一个必须配合使用 mfence 的指令。

5.5 解释器生成

解释器的机器代码片段都是在 TemplateInterpreterGenerator::generate_all() 中生成的，下面将分小节详细展示该函数的具体细节，以及解释器某个组件的机器代码生成过程与逻辑。与第 4 章不同的是，本节中的各部分出现的顺序与它们在代码中的顺序不一致。

在研究解释器前了解调试手段是有必要的。由于运行时生成的机器代码是人类不可读的二进制形式，要想阅读它们，可以下载 hsdis-amd64 插件，并将该插件放到编译后的 JDK 中的 /lib/server 目录下面，然后开启虚拟机参数 -XX:+PrintAssembly 和 -XX:+PrintInterpreter，然后便可输出解释器各个例程的机器代码的汇编表示形式了。也可以开启 -XX:+TraceBytecodes 跟踪解释器正在执行的字节码和对应方法。

5.5.1 普通方法入口

在第 4 章提到，JavaCalls::call_helper 进入 _call_stub_entry 会创建 Java 栈帧（见图 4-10），然后进入 entry_point 执行方法。entry_point 即第 2 章中类链接阶段设置的解释器入口。实际上，解释器入口和 _call_stub_entry 一样，也是一段机器代码，也是在虚拟机初始化时动态生成的，只是生成它的是 generate_normal_entry，如图 5-4 所示。

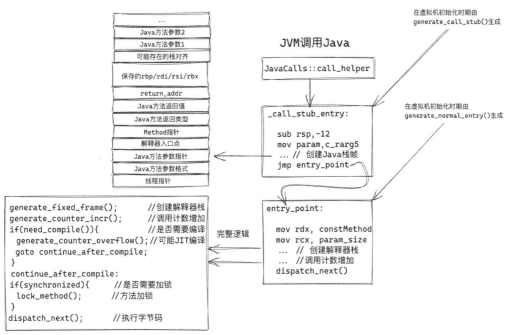

图 5-4　entry_point 解释器入口

entry_point 的完整逻辑如图 5-4 左下角所示，它的详细过程比较复杂，但很值得一探究竟。代码清单 5-7 展示了解释器入口 entry_point 的（生成）代码。

代码清单 5-7　普通方法入口

```
address TemplateInterpreterGenerator::generate_normal_entry(...) {
    ... //ebx 存放了指向 Method 的指针
  //获取参数个数，放入 rcx
  __ movptr(rdx, constMethod);
  __ load_unsigned_short(rcx, size_of_parameters);
  //获取局部变量个数
  __ load_unsigned_short(rdx, size_of_locals);
  __ subl(rdx, rcx);
  //检查栈上是否可以容纳即将分配的局部变量槽
  generate_stack_overflow_check();
  //获取返回地址
  __ pop(rax);
  //计算第一个参数的地址
  __ lea(rlocals, ...);
  {//分配局部变量槽，然后初始化这些槽
    Label exit, loop;
    __ testl(rdx, rdx);
    __ jcc(Assembler::lessEqual, exit);
    __ bind(loop);
```

```
        __ push((int) NULL_WORD);//用 0 初始化，局部变量有默认值便是因为它
        __ decrementl(rdx);
        __ jcc(Assembler::greater, loop);
        __ bind(exit);
    }
// 创建解释器栈帧（有别于 Java 栈帧）
generate_fixed_frame(false);
// 从当前位置到对方法加锁还有一段距离，万一中间发生异常且方法又是同步方法，则异常处理器
// 会 unlock 一个未 lock 的方法，所以这里需要告诉线程不能 unlock
NOT_LP64(__ get_thread(thread));
const Address do_not_unlock_if_synchronized(..);
    __ movbool(do_not_unlock_if_synchronized, true);
    __ profile_parameters_type(rax, rcx, rdx);
// 执行字节码前增加方法调用计数，如果计数到达一定值即跳到后面通知编译器
...
if (inc_counter) {
    generate_counter_incr(...);
}
// 设置编译后继续执行的地方
Label continue_after_compile;
    __ bind(continue_after_compile);
// 检查 geneate_fixed_frame 分配之后是否栈溢出
bang_stack_shadow_pages(false);
// 对方法加锁，并通知线程可以 unlock 方法了（因为可能抛出异常的区域已经没了）
NOT_LP64(__ get_thread(thread));
    __ movbool(do_not_unlock_if_synchronized, false);
// 如果方法是同步方法，调用 lock_method() 锁住方法
if (synchronized) {
    lock_method();
}
// 将字节码指针设置到第一个字节码，然后开始执行字节码（！）
    __ dispatch_next(vtos);
if (inc_counter) {
    ...
    // 如果之前增加调用计数达到一定值，则跳转到此处通知编译器判断是否编译
    __ bind(invocation_counter_overflow);
    generate_counter_overflow(continue_after_compile);
}
return entry_point;
}
```

HotSpot VM 中有两个地方可能发生"解释器认为 Java 方法（循环）是热点并通知编译器判断是否编译"这一行为：字节码中的回边（Backedge）分支计数通知（本章后面讨论）与方法调用计数通知。

上面的代码并非指当某个方法 / 循环超过阈值时立刻进行编译，其中，generate_

counter_inc() 检查当前方法调用频率是否超过一个通知值（-XX:TierXInvokeNotifyFreq-Log=<val>，X 表示分层编译的层数，该值可根据情况进行调整），generate_counter_overflow 通知编译器方法调用频率达到了一定的程度。两者检查在一定时间范围内某个方法调用是否到达了一定的频率，实际上是否编译是根据编译器策略（Tiered Threshold Policy）进行抉择的。

5.5.2　方法加锁

普通方法入口中一个重要的内容是方法加锁，即代码清单 5-8 中所示的 lock_method()。

代码清单 5-8　方法加锁

```
void TemplateInterpreterGenerator::lock_method() {
    ...
    { Label done;
        //检查方法是否为 static
        __ movl(rax, access_flags);
        __ testl(rax, JVM_ACC_STATIC);
        //获取局部变量槽的第一个元素（即 receiver）
        __ movptr(rax, ...);
        __ jcc(Assembler::zero, done);
        //如果是 static，加载方法所在类的 Class 对象
        __ load_mirror(rax, rbx);
        __ bind(done);
        //保持使用 receiver
        __ resolve(IS_NOT_NULL, rax);
    }
    //基本对象锁（BasicObjectLock）包含一个待锁对象和 Displaced Header
    //下面会将 receiver 放入基本对象锁的待锁对象字段
    __ subptr(rsp, entry_size);
    __ movptr(monitor_block_top, rsp);
    __ movptr(Address(rsp, BasicObjectLock),...);
    const Register lockreg = NOT_LP64(rdx) LP64_ONLY(c_rarg1);
    __ movptr(lockreg, rsp);
    //加锁
    __ lock_object(lockreg);
}
```

HotSpot VM 方法加锁的实现和 Java 语义一致：如果方法是 static 则对类的 Class 对象加锁，反之对 this 对象加锁。在执行 lock_object() 前需要找到位于解释器栈上的 monitor 区的基本对象锁，如图 5-5 所示。

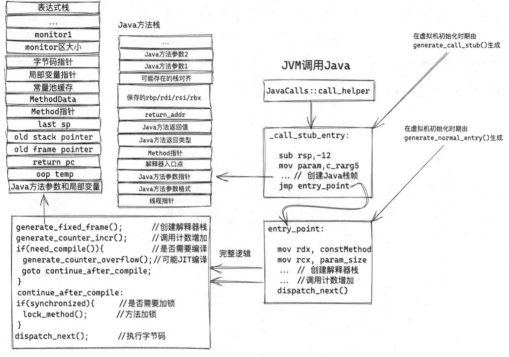

图 5-5　解释器栈的布局（左上）

monitor 区存放了若干个基本对象锁（Basic Object Lock）。基本对象锁又叫轻量级锁、瘦锁，它包含一个加锁对象和 Displaced Header。在获取到加锁对象后，会将加锁对象放入基本对象锁，然后调用 lock_object()。lock_object() 并不是简单锁住对象，它还会应用一些锁的优化措施：最开始尝试偏向锁，如果加锁失败则尝试基本对象锁，如果仍然失败则会使用重量级锁，具体过程将会在第 6 章讨论。

5.5.3　本地方法入口

本地方法入口由 generate_native_entry() 生成，它和普通方法最大的不同是普通方法通过 dispatch_next() 执行每一条字节码并达到解释的效果，而本地方法本身就是机器代码，可以直接执行。本地方法入口的实现如代码清单 5-9 所示。

代码清单 5-9　native 方法调用片段

```
address TemplateInterpreterGenerator::generate_native_entry(...) {
```

```
...
// 获取 native 方法入口，第 3 章提到过 native 方法入口在 Method 后面的第一个槽
{
Label L;
// 获取 native 入口
__ movptr(rax, ...Method::native_function_offset());
__ cmpptr(rax, unsatisfied.addr());
// 获取失败会调用 prepare_native_call 以找到 native 入口和 signature handler。
// 查找 native 入口的过程请参见第 3 章
__ jcc(Assembler::notEqual, L);
__ call_VM(...InterpreterRuntime::prepare_native_call);
__ get_method(method);
__ movptr(rax, ...Method::native_function_offset());
__ bind(L);
}
// 从线程上拿出 JNIEnv 并作为第一个参数传入
__ lea(c_rarg0, ...r15_thread);
__ set_last_Java_frame(rsp, rbp, (address) __ pc());

// 设置线程状态位 _thread_in_native（即执行 native 方法）
__ movl(Address(thread, JavaThread::thread_state_offset()),
        _thread_in_native);
// 调用 native 方法
__ call(rax);
...
}
```

generate_native_entry() 会先找 native 方法入口。第 3 章曾提到该入口位于 Method 后面的第一个槽，如果获取失败，则调用 InterpreterRuntime::prepare_native_call 查找并设置 native 方法入口和 signature handler。查找成功后传递必要参数，然后就可以跳转到本地方法执行了。

本地方法和普通方法的另一个不同之处是对同步方法的处理。generate_normal_entry() 中只使用 lock_method() 对方法加锁而没有对应的解锁代码，因为 dispatch_next() 执行字节码时（见 5.5.4 节），一些字节码（如 return、athrow）在移除栈帧的时候会解锁同步方法，所以无须在 generate_normal_entry() 中解锁。但是 generate_native_entry() 没有执行字节码，它必须在执行完 native 方法之后检查是否需要解锁同步方法。

5.5.4　标准字节码

entry_point 在准备好解释器栈帧和加锁事项后，会调用 dispatch_next() 解释执行字

节码。作为字节码执行的"发动机", dispatch_next(), 其具体实现如代码清单 5-10 所示。

代码清单 5-10　字节码派发实现

```
void InterpreterMacroAssembler::dispatch_next(...) {
    // 加载一条字节码
    load_unsigned_byte(rbx, Address(_bcp_register, step));
    // 字节码指针 (bcp) 前进
    increment(_bcp_register, step);
    // dispatch_next 的详细实现
    dispatch_base(...);
}
```

dispatch_next() 的实现和前面描述的行为基本一致：读取字节码→前推字节码指针
→执行每一条字节码。具体的执行由 dispatch_base 完成, 如代码清单 5-11 所示。

代码清单 5-11　dispatch_base

```
void InterpreterMacroAssembler::dispatch_base(...) {
    // 获取安全点表
    address* const safepoint_table = Interpreter::safept_table(state);
    Label no_safepoint, dispatch;

    // 如果需要生成安全点
    if (SafepointMechanism::uses_thread_local_poll() && ...) {
        testb(Address(r15_thread,Thread::polling_page_offset()),
            SafepointMechanism::poll_bit());
        jccb(Assembler::zero, no_safepoint);
        lea(rscratch1, ExternalAddress((address)safepoint_table));
        jmpb(dispatch);
    }

    // 如果不需要安全点
    bind(no_safepoint);

    // 获取模板表
    lea(rscratch1, ExternalAddress((address)table));
    bind(dispatch);
    // 跳转到模板表中指定字节码处的机器代码, 然后执行
    jmp(Address(rscratch1, rbx, Address::times_8));
}
```

总结来说, dispatch_next 相当于一个"发动机", 它能推进字节码指针, 从一个模
板表（即字节码表）中找到与当前字节码对应的机器代码片段, 并跳到该片段执行字节
码片段。字节码执行完后还有一段"结尾曲"代码, 会再次调用 dispatch_next()。整个
解释过程就像由 dispatch_next() 串联起来的链, 只要调用并启动 dispatch_next() 一次,

就能执行方法中的所有字节码。详细的过程如图 5-6 所示。

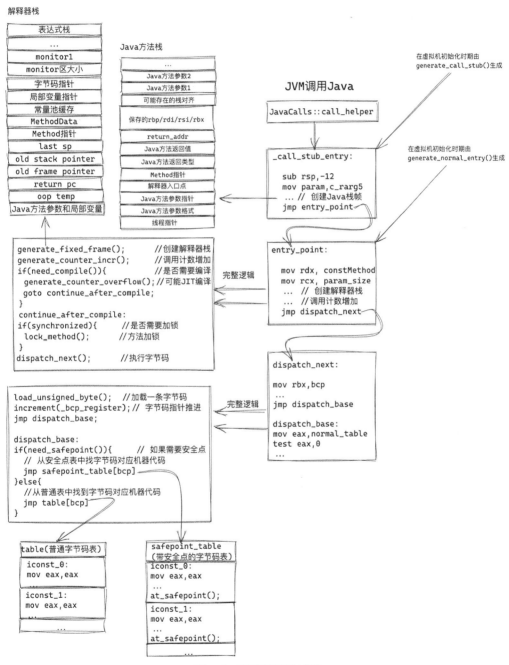

图 5-6　字节码解释过程

HotSpot VM 的解释器名为模板解释器，它为所有字节码生成对应的机器代码片段，然后全部放入一个表。当 VMThread 收到一些请求（如垃圾回收任务）并需要安全点时，它会调用 TemplateInterpreter::notice_safepoints() 通知模板解释器将普通的模板表切换为安全点表，由 HotSpot VM 在安全点表中寻找与当前字节码对应的逻辑然后跳到该位置执行字节码指令。如果不需要安全点，VMThread 会关闭安全点，并调用 TemplateInterpreter::ignore_safepoints()，再从安全点表切换回模板表，然后正常执行相关指令。实际上安全点表相比于模板表只多了一次 InterpreterRuntime::at_safepoint 调用，这个调用用于处理安全点的逻辑。在了解了字节码执行的方式后，接下来将讨论一些字节码的具体实现。

1. iconst

iconst 向栈压入一个整型常量值，如代码清单 5-12 所示。

代码清单 5-12　字节码 iconst

```
void TemplateTable::iconst(int value) {
    transition(vtos, itos);
    if (value == 0) {
        __ xorl(rax, rax);
    } else {
        __ movl(rax, value);
    }
}
```

iconst 的代码并没有压栈操作，它把值放入了 rax 寄存器，因为相比于寄存器，压栈操作开销较大，模板解释器把 rax 和 xmm0 当作栈顶缓存（Top of Stack，ToS），凡是能用 ToS 解决的绝不用栈。

那么什么是 ToS 呢？假设两条指令是 iconst_1 和 istore，基于栈的模板解释器首先压入 1，然后弹出 1，最后保存到局部变量表。这个过程出现了两次栈操作，即内存读写。有了 ToS 后，模板解释器会将 1 放入 rax 寄存器，用 istore 读取 rax 寄存器，完全消除了内存读写过程。

为了确保操作的类型正确（如 istore 要求栈顶为 int 类型，iconst 无须进行栈顶缓存），代码最开始有一个 transition(vtos,itos) 约束条件，它表示 iconst 字节码执行前栈顶无缓存，执行后栈顶缓存是 int 类型。约束条件除了 vtos（无缓存）和 itos（int），还有 btos（byte）、ztos（bool）、ctos（char）、stos（short）、ltos（long）、ftos（float，使用
xmm0 寄存器）、dtos（double，使用 xmm0 寄存器）和 atos（object）。

2. add、sub、mul、and、or、shl、shr、ushr

由于整数的四则运算和位运算几乎一样，模板解释器统一把它们放到了 Iop2 中进
行处理，如代码清单 5-13 所示。

代码清单 5-13　字节码 add、sub、mul、and、or、xor、shl、shr、ushr

```
void TemplateTable::iop2(Operation op) {
    transition(itos, itos);
    switch (op) {
    case add : __ pop_i(rdx); __ addl (rax, rdx); break;
    case sub  :__ movl(rdx, rax);__ pop_i(rax);__ subl (rax, rdx); break;
    case mul : __ pop_i(rdx); __ imull(rax, rdx); break;
    case _and: __ pop_i(rdx); __ andl (rax, rdx); break;
    case _or : __ pop_i(rdx); __ orl  (rax, rdx); break;
    case _xor: __ pop_i(rdx); __ xorl (rax, rdx); break;
    case shl :__ movl(rcx, rax); __ pop_i(rax); __ shll (rax);break;
    case shr :__ movl(rcx, rax); __ pop_i(rax); __ sarl (rax);break;
    case ushr:__ movl(rcx, rax);__ pop_i(rax); __ shrl (rax);break;
    default   : ShouldNotReachHere();
    }
}
```

ToS 只能缓存一个数据，而加法需要两个操作数，所以第二个参数必须使用栈操
作弹出。

3. new

new 会真实地在堆上分配对象，然后返回对象引用并压入栈中，如代码清单 5-14
所示。

代码清单 5-14　字节码 new

```
void TemplateTable::_new() {
    //new 会在创建对象后向栈顶压入对象引用，所以 ToS 从无变成 atos
    transition(vtos, atos);
    ...
    //如果开启 -XX:+UseTLAB，则在 TLAB 中分配对象，否则在 Eden 区中分配对象，
    //如果分配成功则将对象引用放入 rax
    if (UseTLAB) {
        __ tlab_allocate(thread, rax, rdx, 0, rcx, rbx, slow_case);
        //如果开启 -XX:+ZeroTLAB
```

```
        if (ZeroTLAB) {
            // 初始化对象头
            __ jmp(initialize_header);
        } else {
            // 初始化对象头和字段
            __ jmp(initialize_object);
        }
    } else {
        __ eden_allocate(thread, rax, rdx, 0, rbx, slow_case);
    }
    // 用 0 填充对象头和对象字段
    ...
    // 慢速分配路径: 调用 InterpreterRuntime::_new
    __ bind(slow_case);
    ...
    call_VM(rax, ...InterpreterRuntime::_new);
    // 分配完成
    __ bind(done);
}
```

new 和方法锁类似，在分配前要尽可能使用轻量级操作。它不会直接在堆中分配对象，如果启用 -XX:+UseTLAB，它会尝试在线程的 TLAB 区中分配对象。TLAB（Thread Local Allocation Buffer）是 Thread 数据结构的一部分。由于 TLAB 是每个线程私有的存储区域，因此对象分配无须加锁同步。

TLAB 有三个指针，分别记录 TLAB 开始位置、结束位置、当前使用位置。分配新对象时只需根据对象大小移动当前使用的指针，然后调用 ThreadLocalAllocBuffer::allocate() 判断是否到达区域结束位置。这种分配方式也叫碰撞指针（Bump the Pointer）。TLAB 结合碰撞指针可以快速地进行对象分配。仅当 TLAB 分配失败时才调用 InterpreterRuntime::_new 在堆上进行分配，具体分配方式和代码清单 3-3 所示代码调用 MemAllocator::allocate 一样，new 最终调用特定垃圾回收器的 mem_allocate() 方法，如 Shenandoah GC 的 ShenandoahHeap::mem_allocate、ZGC 的 ZCollectedHeap::mem_allocate、Parallel GC 的 ParallelScavengeHeap::mem_allocate，具体分配细节涉及垃圾回收模块，会在第三部分（第 10 ～ 11 章）详细讨论。

4. iinc

iinc 会将某个局部变量的值增加到指定大小。它的字节码占用三个字节，分别对应 iinc、index、const。第一个字节表示它是 iinc，第二个字节表示局部变量在局部变量表中的索引，第三个字节表示递增大小，如代码清单 5-15 所示。

代码清单 5-15　字节码 iinc

```
void TemplateTable::iinc() {
    transition(vtos, vtos);                    // iinc 不改变栈的状态，无须 ToS 缓存
    __ load_signed_byte(rdx, at_bcp(2));       // 获取 const
    locals_index(rbx);                         // 获取局部变量
    __ addl(iaddress(rbx), rdx);               // 局部变量 = 局部变量 +const
}
```

5. arraylength

arraylength 获取数组的长度，然后压栈，如代码清单 5-16 所示。

代码清单 5-16　字节码 arraylength

```
void TemplateTable::arraylength() {
    transition(atos, itos);  // 执行前栈顶是数组引用，执行后栈顶是数组大小
    // 空值检查，确保数组有 length 字段
    __ null_check(rax, arrayOopDesc::length_offset_in_bytes());
    // 获取数组（arrayOop）的 length 字段，然后放入 ToS
    __ movl(rax,Address(rax,arrayOopDesc::length_offset_in_bytes()));
}
```

6. monitorenter

monitorenter 是 Java 关键字 synchronized 的底层实现，它获取栈顶对象，然后对其加锁，如代码清单 5-17 所示。

代码清单 5-17　字节码 monitorenter

```
void TemplateTable::monitorenter() {
    transition(atos, vtos);
    // 在栈的 monitor 区中分配一个槽，用来存放基本对象锁
    ...
    __ bind(allocated);
    // 字节码指针递增
    __ increment(rbcp);
    // 将待加锁的对象放入基本对象锁中
    __ movptr(Address(rmon, BasicObjectLock::obj_offset_in_bytes()), rax);
    // 加锁
    __ lock_object(rmon);
    // 确保不会因为刚刚栈上分配的槽造成栈溢出
    __ save_bcp();
    __ generate_stack_overflow_check(0);
    // 执行下一条字节码
    __ dispatch_next(vtos);
}
```

monitorenter 会在栈的 monitor 区中分配一个基本对象锁，具体的加锁工作是由代码清单 5-12 所示的 lock_object() 完成的。

7. athrow

Java 语言的 throw 关键字反映到 JVM 上是一个 athrow 字节码。根据虚拟机规范描述，athrow 弹出栈顶的对象引用作为异常对象，然后在当前方法寻找该匹配对象类型的异常处理器。如果找到它则清空当前栈，重新压入异常对象，最后跳转到异常处理器，就像没有发生异常一样；如果没有找到异常处理器，则弹出当前栈帧并恢复到调用者栈帧，然后在调用者栈帧上继续抛出异常，这样相当于将异常继续传播到调用者，如代码清单 5-18 所示。

代码清单 5-18　字节码 athrow

```
void TemplateTable::athrow() {
    transition(atos, vtos);
    __ null_check(rax);
    __ jump(ExternalAddress(Interpreter::throw_exception_entry()));
}
```

可以看到 athrow 会跳到抛异常的机器代码片段，该片段由 generate_throw_exception() 生成，如代码清单 5-19 所示。

代码清单 5-19　抛异常机器代码生成

```
void TemplateInterpreterGenerator::generate_throw_exception() {
    ...
    // 抛异常入口
    Interpreter::_throw_exception_entry = __ pc();
    ...
    // 清空当前栈的一部分
    __ empty_expression_stack();
    // 寻找异常处理器入口地址，如果找到则返回异常处理器入口，否则返回弹出当前栈帧的代码入口
    __ call_VM(rdx,
        CAST_FROM_FN_PTR(address,
        InterpreterRuntime::exception_handler_for_exception),rarg);
    // 不管是哪个入口，结果都会放到 rax 寄存器
    __ push_ptr(rdx);
    __ jmp(rax); // 跳到入口执行
    ...
}
```

exception_handler_for_exception 会寻找异常处理器的入口地址，如果没有找到则

返回 remove_activation_entry 入口，该入口和前面的描述一样，会弹出当前栈帧并恢复到调用者的栈帧，然后在调用者栈帧上继续抛出异常。

8. if_icmp<cond> & branch

if_icmp 根据条件（大于 / 等于 / 小于等于）跳转到指定字节码处，如代码清单 5-20 所示。

代码清单 5-20　字节码 if_icmp<cond>

```
void TemplateTable::if_icmp(Condition cc) {
    transition(itos, vtos);
    Label not_taken;
    __ pop_i(rdx);
    __ cmpl(rdx, rax);                      // 栈顶两个整数比较
    __ jcc(j_not(cc), not_taken);           // 根据条件进行跳转
    branch(false, false);                   // 跳转
    __ bind(not_taken);                     // 不需要跳转
    __ profile_not_taken_branch(rax);
}
```

branch() 实现了各种跳转行为，如 if_icmp、goto 等。前面提到的字节码的回边分支是两个可能触发编译行为的地方之一，而回边的实现就位于 branch()。回边是指从当前字节码出发到前面的一条路径，典型的回边是一次循环结束到新条件判断的一条路径，如代码清单 5-21 所示。

代码清单 5-21　回边字节码

```
0: iconst_0
1: istore_1
2: iload_1
3: iconst_2
4: if_icmpeq     13
7: iinc          1, 1
10: goto          2
13: return
```

代码清单 5-21 所示是一个循环语句，其中，goto 字节码会向上跳转到第 2 条字节码，这样向上跳跃的字节码与目标字节码之间形成的就是一条回边。HotSpot VM 不但会对热点方法进行性能计数，还会对回边进行性能计数。通过回边可以探测到热点循环。说到回边就不能不提栈上替换，如代码清单 5-22 所示。

代码清单 5-22　　JIT 并非只是根据方法调用次数进行编译

```java
public static void main(String... args){
    int sum = 0;
    for (int i=0;i<100000;i++){
        int r = sum/2;
        int k = r+3;
        sum = 5+6/4*2-9 + k + sum;
    }
    System.out.println(sum);
}
```

即便解释器通过循环体的回边探测到这是一个热点方法，并对该方法进行了编译，但是 main 函数只执行一次，被编译后的 main 方法根本没有执行的机会。为了解决这个问题，需要一种机制：在运行 main 函数的过程中（而非运行 main 函数后）使用编译后的方法替代当前执行，这样的机制被称为 OSR。OSR 用于方法从低层次（解释器）执行向高层次（JIT 编译器）执行变换。发生 OSR 的时机是遇到回边字节码，而回边又是在 branch 中体现的，如代码清单 5-23 所示。

代码清单 5-23　　branch 实现

```cpp
void TemplateTable::branch(bool is_jsr, bool is_wide) {
    ...
    if (UseLoopCounter) {
        // rax: MethodData
        // rbx: MDO bumped taken-count
        // rcx: method
        // rdx: target offset
        // r13: target bcp
        // r14: locals pointer
        // 检查跳转相对于当前字节码是前向还是后向
        __ testl(rdx, rdx);
        // 如果是回边跳转就执行下面的计数操作，否则直接跳到 dispatch 处
        __ jcc(Assembler::positive, dispatch);
        ...
        if (TieredCompilation) {
        ...
        // 增加回边计数
        __ movptr(rcx,Address(rcx, Method::method_counters_offset()));
        // 检查回边计数是否到达一定的值，如果是就跳转
        __ increment_mask_and_jump(Address(rcx, be_offset), increment,
            mask,rax, false, Assembler::zero,
        UseOnStackReplacement ? &backedge_counter_overflow : NULL);
        } else {
        ...
```

```
        }
        __ bind(dispatch); // [!] 正常跳转到目标字节码，然后执行
}

// 加载跳转目标
__ load_unsigned_byte(rbx, Address(rbcp, 0));
// 从目标字节码处开始执行
__ dispatch_only(vtos, true);

if (UseLoopCounter) {
    ...
    // 如果开启栈上替换机制
    if (UseOnStackReplacement) {
        // 回边计数到达一定值，调用 frequency_counter_overflow 以通知编译器
        __ bind(backedge_counter_overflow);
        __ negptr(rdx);
        __ addptr(rdx, rbcp);
        __ call_VM(..InterpreterRuntime::frequency_counter_overflow);
        // rax 存放编译结果，为 NULL 则表示没有编译，否则表示进行了编译，且这次编译的
        // 方法即 osr nmethod
        // 如果进行了编译，则继续执行，否则跳转到 dispatch 处
        __ testptr(rax, rax);
        __ jcc(Assembler::zero, dispatch);
        // 确保 osr nmethod 是执行的方法（in_use 表示正常方法，not_used 表示不可重
        // 入但可以复活的方法，not_installed 表示还在编译，not_entrant 表示即将退
        // 优化，zombie 表示可以被 gc，unloaded 表示即将转换为 zombie）
        __cmpb(Address(rax,nmethod::state_offset()),nmethod::in_use);
        __ jcc(Assembler::notEqual, dispatch);
        // 到这里说明 osr nmethod 存在且可以使用，即将进行栈上替换（OSR）
        __ mov(rbx, rax);
        NOT_LP64(__ get_thread(rcx));
        // [!] 调用 OSR_migration_begin 将当前解释器栈的数据打包成 OSR buffer
        call_VM(...SharedRuntime::OSR_migration_begin);
        // 将 OSR buffer 地址放入 rax 寄存器
        LP64_ONLY(__ mov(j_rarg0, rax));
        const Register retaddr   = LP64_ONLY(j_rarg2) NOT_LP64(rdi);
        const Register sender_sp = LP64_ONLY(j_rarg1) NOT_LP64(rdx);
        // [!] 弹出当前解释器栈
        __movptr(sender_sp,Address(rbp, frame::interpreter_frame_sender_sp_
            offset * wordSize));
        __ leave();
        __ pop(retaddr);
        __ mov(rsp, sender_sp);
        __ andptr(rsp, -(StackAlignmentInBytes));
        __ push(retaddr);
        // [!] 跳到 OSR 入口，执行编译后的方法。这样一来就成功完成了从低层次执行
        // 到高层次执行的转换
        __ jmp(Address(rbx, nmethod::osr_entry_point_offset()));
```

```
            }
        }
    }
```

branch 会检查目标字节码的位置。如果它位于当前字节码下面（前向跳转），那么不做任何处理，直接跳到 dispatch 处，加载目标字节码然后调用 dispatch_only 执行相应代码即可。

如果目标字节码位于当前字节码前面（回边跳转），情况就复杂很多了。假设 main 方法里面有一个执行 10000 次的循环，0 ~ 5000 次时解释执行，5001 ~ 10000 次时执行编译后的代码，每隔 1000 次会调用 1 次 InterpreterRuntime::frequency_counter_overflow。解释器每次执行循环（branch）时都会递增回边计数器，当执行 4000 次时，回边计数器到达阈值，调用 frequency_counter_overflow 方法，该方法通知编译器决定是否编译。假设编译器决定异步编译循环，则该函数返回 NULL（因为编译过程不是一蹴而就，需要很长时间，frequency_counter_overflow 默认不会阻塞，而是等待编译完成），从 4001 次开始解释器继续解释执行。

在执行到 5000 次时，回边计数器又到达阈值，frequency_counter_overflow 返回也不为 NULL，说明编译完成。此时解释器调用 InterpreterRuntime::OSR_migration_begin 将解释器栈的局部变量表和基本对象锁打包成一个 OSR buffer 数组放到堆上并弹出当前的解释器方法栈，最后跳转到已编译的方法入口，从 5001 次开始执行编译后的机器代码。编译后的机器代码被称为 OSR nmethod，它将 OSR buffer 中的数据拆包，将局部变量和基本对象锁放入合适的寄存器和栈上的槽，再跳转到与目标字节码对应的编译后的代码的位置执行。值得注意的是，解释器的状态除了局部变量和基本对象锁外还应该包括表达式栈，但是为了简单起见，OSR（栈上替换）不会处理非空表达式栈，当 JIT 编译器发现表达式栈非空时会"拒绝"编译。

9. return

return 终止方法执行并返回调用者栈帧，如代码清单 5-24 所示。

代码清单 5-24　字节码 return

```
void TemplateTable::_return(TosState state) {
    transition(state, state);
    // 如果方法重写了 Object.finalize()，会额外调用 register_finalizer
```

```
    if (_desc->bytecode() == Bytecodes::_return_register_finalizer) {
    ...
        __ call_VM(...InterpreterRuntime::register_finalizer);
        __ bind(skip_register_finalizer);
    }
    // 检查是否需要进入安全点
    if(SafepointMechanism::uses_thread_local_poll()&& _desc->bytecode() != Bytecodes::_
        return_register_finalizer) {
        ...
        __ call_VM(...InterpreterRuntime::at_safepoint);
        __ pop(state);
        __ bind(no_safepoint);
    }
    ...
    // 弹出当前栈帧
    __ remove_activation(state, rbcp);
    __ jmp(rbcp);
}
```

第 2 章提到过，如果重写了 Object.finalize() 方法，return 字节码也会重写成非标准字节码 _return_register_finalizer，当解释器发现它是重写版本后，会调用 InterpreterRuntime::register_finalizer，将对象加入一个链表，等待后面垃圾回收器调用链表中的对象的 finalize() 方法。处理完 finalize 重写后，return 还会检查是否允许线程局部轮询（区别于全局安全点轮询，详见第 10 章），并调用 InterpreterRuntime::at_safepoint 检查是否允许进入安全点。

10. putstatic/putfield

putfield 将一个值存放到对象成员字段，putstatic 将一个值存放到类的 static 字段。熟悉 Java 的读者都知道 Java 有一个 volatile 关键字，作为最弱 "同步组件"，它具有如下三个特性。

❑ 原子性：读写 volatile 修饰的变量都是原子性的。相对地，对于非 volatile 修饰的变量，如 long、double 类型，是否为原子性由实现定义（Implementation-specific）。

❑ 可见性：多线程访问变量时，一个线程如果修改了它的值，其他线程能立刻看到最新值。

❑ 有序性：volatile 写操作不能和 volatile 写操作 / 读操作发生重排序，但是可以和普通变量读写发生重排序；volatile 读操作不能与任何操作发生重排序。

这些特性都是经过 HotSpot VM 源码验证过的。putstatic/putfield 源码如代码清单 5-25 所示。

代码清单 5-25　字节码 putstatic/putfield

```
void TemplateTable::putfield_or_static(...) {
    ...
    // 检查成员是否有 volatile 关键字
    __ movl(rdx, flags);
    __ shrl(rdx, ConstantPoolCacheEntry::is_volatile_shift);
    __ andl(rdx, 0x1);
    __ testl(rdx, rdx);
    __ jcc(Assembler::zero, notVolatile);
    // 如果是 volatile 变量，先正常赋值给成员变量再插入内存屏障
    putfield_or_static_helper(...);
    volatile_barrier(...Assembler::StoreLoad|Assembler::StoreStore);
    __ jmp(Done);
    // 如果不是 volatile 成员变量，简单赋值即可
    __ bind(notVolatile);
    putfield_or_static_helper(...);
    __ bind(Done);
}
```

原子性来自于 putfield_or_static_helper()，该函数会判断成员变量类型，然后调用 access_store_at()，将值写入成员变量。access_store_at 会进一步调用 BarrierSetAssembler::store_at，如代码清单 5-26 所示。

代码清单 5-26　BarrierSetAssembler::store_at

```
void BarrierSetAssembler::store_at(...) {
    ...
    switch (type) {
    case T_LONG:
#ifdef _LP64
        __ movq(dst, rax);
#else
        if (atomic) {
            __ push(rdx);
            __ push(rax);                      // 必须用 FIST 进行原子性更新
            __ fild_d(Address(rsp,0));         // 先加载进 FPU 寄存器
            __ fistp_d(dst);                   // 放入内存
            __ addptr(rsp, 2*wordSize);
        } else {
            __ movptr(dst, rax);
            __ movptr(dst.plus_disp(wordSize), rdx);
        }
```

```
#endif
        break;
        ...
    }
}
```

以上代码均为 x64 架构，如果 BarrierSetAssembler 发现变量类型为 long 且是 64
位 CPU，它会直接使用原生具有原子性的 mov 操作，如果是 32 位 CPU 则使用 fild
将值放入 FPU 栈，然后使用 fistp 读取 FPU 栈顶元素（ST(0)）并存放到目标位置。
volatile 的原子性是指写 64 位值的原子性（fistp），而不是赋值这一过程的原子性（五条
指令）。

volatile 的可见性和一致性是通过 volatile 屏障实现的。普通变量和 volatile 变量写
之间的唯一区别是 volatile 写完会插入一个 volatile_barrier，由 volatile_barrier 实际执
行 membar 内存屏障指令。该内存屏障可以保证 volatile 写完后，后续的读写指令都可
以看到 volatile 的最新值。虽说是内存屏障，但是虚拟机未必会真的使用指令集中的内
存屏障指令。一个典型例子是，x86 上 lock 指令前缀具有内存屏障的效果同时又比内
存屏障指令（mfence、sfence、lfence）速度更快，因此在 x86 上，HotSpot VM 是使用
代码清单 5-27 所示的 lock addl $0, 0($rsp) 指令实现内存屏障的。

代码清单 5-27　内存屏障在 x86 的实现

```
void membar(Membar_mask_bits order_constraint) {
    // x86 只会发生 StoreLoad 重排序, 因此只需要处理它
    if (order_constraint & StoreLoad) {
        ...
        // 用 lock add 实现内存屏障
        lock();addl(Address(rsp, offset), 0);
    }
}
```

实际上 HotSpot VM 只在指令缓存刷新（ICache）组件时使用内存屏障指令
mfence。

11. invokestatic

JVM 有五条字节码用于方法调用：invokedynamic 调用动态计算的调用点；invo
keinterface 调用接口方法；invokespecial 调用实例方法和类构造函数；invokestatic 调
用静态方法；invokevirtual 调用虚函数。以 invokestatic 为例，如代码清单 5-28 所示。

代码清单 5-28　字节码 invokestatic

```
void TemplateTable::invokestatic(int byte_no) {
    transition(vtos, vtos);
    prepare_invoke(byte_no, rbx);          // 准备调用
    __ profile_call(rax);
    __ profile_arguments_type(rax, rbx, rbcp, false);
    __ jump_from_interpreted(rbx, rax); // 进行调用
}
```

prepare_invoke 从缓存中加载调用的方法，然后跳到方法入口进行执行。

5.5.5　非标准字节码

除了实现 Java 虚拟机规范规定的字节码外，模板解释器还实现了一些非标准字节码，它们都在 interpterer/templateTable.cpp 中定义。这些非标准字节码多是对标准字节码的特化，以加速程序运行，例如第 2 章提到的根据 switch 语句的 case 个数将 lookupswitch 字节码重写为 fast_linearswitch（快速线性搜索）或者 fast_binaryswitch（快速二分搜索），这两个字节码就是非标准字节码；本章前面提到，如果类重写了 Object.finalize() 方法，方法的 *return 字节码会被重写为 return_register_finalizer，该字节码也属于非标准字节码。本节将继续讨论一些非标准字节码的实现。

1. fast_iload2

有时候代码会连续使用 iload 从局部变量表将变量加载到操作数栈，最典型的例子为定义两个变量，然后相加，如代码清单 5-29 所示。

代码清单 5-29　连续使用 iload 然后求和

```
int a = 23;             // iload 23
int b = 34;             // iload 34
a + b                   // iadd
```

上面的字节码将派发三次，每次都要执行前奏曲代码、字节码实现代码、尾曲代码，所以 HotSpot VM 根据这样的模式，使用非标准字节码 fast_iload 一次完成两个局部变量的相加，省去了派发流程，如代码清单 5-30 所示。

代码清单 5-30　非标准字节码 fast_iload2

```
void TemplateTable::fast_iload2() {
    transition(vtos, itos);
```

```
    locals_index(rbx);
    __ movl(rax, iaddress(rbx));
    __ push(itos);
    locals_index(rbx, 3);
    __ movl(rax, iaddress(rbx));
}
```

2. fast_iputfield

前面讨论的 putfield 字节码的实现较为复杂，因为需要解析字段，检查字段的修饰符。当第一次完成上述操作后，虚拟机会将标准字节码 putfield 重写为 fast 版本，这样在第二次执行时将不需要任何额外的操作，如代码清单 5-31 所示。

代码清单 5-31　非标准字节码 fast_iputfield

```
void TemplateTable::fast_storefield_helper(...) {
    switch (bytecode()) {
    case Bytecodes::_fast_iputfield:
        __ access_store_at(T_INT, IN_HEAP, field, rax, noreg, noreg);
        break;
    ...
}
```

从代码中可以发现，非标准的 putfield 没有做任何多余的操作。

5.6　本章小结

本章讨论了 HotSpot VM 中最重要组件之一——解释器的构成和工作机制。5.1 节讨论解释器的源码结构和构成解释器的基础设施；5.2 节讨论了构成解释器的元素；5.3 节和 5.4 节描述了解释器与其他虚拟机组件的合作方式；5.5 节详细讨论了解释器实现，包括解释器如何执行普通 Java 方法和 native 方法、标准字节码是如何实现的，以及非标准字节码是如何实现的。

Chapter 6 第 6 章

并 发 设 施

并发是 Java 的一大特色，通过并发，可以在 Java 层实现多个线程协同工作或者互斥执行。上层应用的易用性、安全性、高效性都是由 HotSpot VM 中的并发设施来保证的。并发设施是 HotSpot VM 中相当复杂的组件，本章将简单讨论虚拟机在并发方面付出的努力。

6.1 指令重排序

开发者专注于代码层面，他们使用高级语言表达自己的思想，使用控制流控制程序执行路径，他们编写的代码会被编译器翻译为底层硬件能理解的低级指令并交由 CPU 执行。这个过程涉及的硬件系统包括编译器、CPU、Cache 等，这些系统中的成员都想尽力把事情做好：编译器可能进行指令调度，可能消除内存访问；CPU 为了流水线饱，可能乱序执行指令，可能执行分支预测；Cache 可以预取指令或者存储一些程序的执行状态。所有系统组合到一起的效果是程序顺序（代码顺序）与硬件执行指令的执行顺序大相径庭，这个现象即指令重排序。指令重排序会导致多线程环境下程序的行为与开发者预期的不一样，甚至出现严重问题。本节将简单讨论指令重排序出现的原因，并给出对应的硬件解决方案。

6.1.1　编译器重排序

CPU 执行寄存器读写的速度比主存读写快一个或多个数量级。读写操作如果命中 L1、L2 缓存，那么比从主存中读写快，比从寄存器中读写慢。现代处理器通常使用流水线将不同指令的不同部分放到一起执行，而指令重排序正是为了避免因流水线造成的操作等待。

指令重排序有且只有一条规则，即指令重排序不会改变单线程程序的语意，除此之外没有任何限制。如果编译器发现将一个写操作放到读操作后面可能会提升性能，同时这样做不会改变单线程程序的语意，那么编译器就会对代码进行重排序，如代码清单 6-1 所示：

代码清单 6-1　编译器重排序（C++）

```
int v1, v2;
void foo(){
    v1 = v2 + 1;
    v2 = 0;
}
```

代码中 v1 位于 v2 前面，使用 gcc 9.2 -O3 编译后可得到如代码清单 6-2 所示的指令：

代码清单 6-2　编译器重排序（汇编）

```
foo:
    mov     eax, DWORD PTR v2[rip]
    mov     DWORD PTR v2[rip], 0
    add     eax, 1
    mov     DWORD PTR v1[rip], eax
    ret
```

在编译后的代码中，v2 先于 v1 赋值。如果是多线程程序，开发者认为代码顺序就是执行顺序，即 v1 先于 v2 执行，就可能产生错误。对于编译器重排序，可以使用编译器提供的编译器屏障（Compiler Barrier）阻止，如 GCC 使用代码清单 6-3 所示的编译器屏障阻止重排序：

代码清单 6-3　编译器屏障

```
__asm__ volatile ("" : : : "memory");
```

代码清单 6-4 演示了如何在 v1 与 v2 之间插入编译器屏障解决编译器重排序的问题：

代码清单 6-4　插入编译器屏障（C++）

```cpp
int v1, v2;
void foo(){
    v1 = v2 + 1;
    __asm__ volatile ("" : : : "memory");
    v2 = 0;
}
```

再次编译后得到如代码清单 6-5 所示的汇编代码：

代码清单 6-5　插入编译器屏障（汇编）

```asm
foo:
    mov     eax, DWORD PTR v2[rip]
    add     eax, 1
    mov     DWORD PTR v1[rip], eax
    mov     DWORD PTR v2[rip], 0
    ret
```

在编译后的代码中，v2 先于 v1 赋值，代码没有被编译器重排序，编译器屏障被证明为有效。

6.1.2　处理器重排序

编译器屏障解决了编译器重排序问题，但是并不能完全解决问题，即使消除了编译器重排序，CPU 也可能对指令进行重排序，出现类似编译器重排序后的代码序列。CPU 级的指令重排序又与 CPU 架构相关，具体如图 6-1 所示。

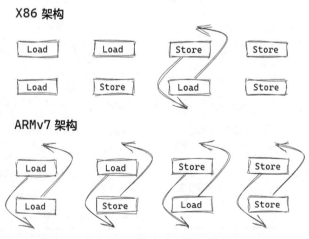

图 6-1　不同 CPU 架构上的处理器重排序规则

如果把指令抽象为读和写两类，那么两者组合后共有四种重排序规则。注意，x86
只允许一种重排序规则，即 Store 操作被重排序到 Load 后面，而原来的 StoreLoad 操
作变成 LoadStore 操作，对于 CPU 级别的指令重排序，我们需要同样由 CPU 指令集提
供的内存屏障（Memory Barrier）指令来阻止。在 HotSpot VM 中，指令内存屏障的实
现位于 OrderAccess 模块，以 x86 为例，它的各种内存屏障实现如代码清单 6-6 所示：

代码清单 6-6   x86 的 OrderAccess

```
static inline void compiler_barrier() {
    __asm__ volatile ("" : : : "memory");
}
inline void OrderAccess::loadload()   { compiler_barrier(); }
inline void OrderAccess::storestore() { compiler_barrier(); }
inline void OrderAccess::loadstore()  { compiler_barrier(); }
inline void OrderAccess::storeload()  { fence();            }
inline void OrderAccess::fence() {
#ifdef AMD64
    __asm__ volatile ("lock; addl $0,0(%%rsp)" : : : "cc", "memory");
#else
    __asm__ volatile ("lock; addl $0,0(%%esp)" : : : "cc", "memory");
#endif
    compiler_barrier();
}
```

上面的代码是 GCC 的扩展内联汇编形式，这里的关键字 volatile 表示禁止编译器
优化汇编代码。memory 告知编译器汇编代码执行内存读取和写入操作，编译器可能需
要在执行汇编前将一些指定的寄存器刷入内存。

由于 x86 只支持 StoreLoad 重排序，所以 x86 上的 OrderAccess 只实现了 storeload()，
对于其他重排序类型，可以使用编译器屏障简单代替。虽然 x86 指令集有专门的内存
屏障指令，如 lfence、sfence、mfence，但是 OrderAccess::storeload() 使用了指令加
上 lock 前缀来当作内存屏障指令，因为 lock 指令前缀具有内存屏障的语意且有时候比
mfence 等指令的开销小。

除了 LoadLoad、LoadStore、StoreStore、StoreLoad 这四种基本内存屏障外，HotSpot
VM 还定义了特殊的 acquire 和 release 内存屏障：acquire 防止它后面的读写操作重排
序到 acquire 的前面；release 防止它前面的读写操作重排序到 release 后面。acqure 和
release 两者放在一起就像一个"栅栏"，可禁止"栅栏"内的事务跑到"栅栏"外，但

是它不阻止"栅栏"外的事务跑到"栅栏"内部。之所以说 acquire 和 release 特殊是因为它们两个可以通过基本内存屏障组合而成：acquire 可由 LoadLoad 和 LoadStore 组合而成，release 可由 StoreStore 和 LoadStore 组合而成。另一个值得注意的地方是 acquire 和 release 都没有使用 StoreLoad 屏障，这意味着 x86 架构原生就具有 acquire 和 release 语意。

在 Java 层面操作内存屏障的办法是 Unsafe.loadFence()、Unsafe.storeFence() 和 Unsafe. fullFence()，它们分别对应 OrderAccess::acquire()、OrderAccess::release()、OrderAccess:: fence()⊖。注意，四种基本内存屏障是无法在 Java 层直接使用的。如何放置内存屏障是极具挑战的，它们通常出现在高级并发编程中，是专家级并发开发者的任务，在大多数情况下缺少它们不会产生影响，但是在高并发场景下缺少它们通常是致命的。HotSpot VM 内部使用了大量的内存屏障，如代码清单 6-7 所示：

代码清单 6-7 　OrderAccess 的使用

```
void Method::set_code(...) {
    ...
    OrderAccess::storestore();
    mh->_from_compiled_entry = code->verified_entry_point();
    OrderAccess::storestore();
    if (!mh->is_method_handle_intrinsic())
        mh->_from_interpreted_entry = mh->get_i2c_entry();
}
```

由于解释器会从 _from_interpretered_entry 跳转到 _from_compiled_entry，所以在 _from_interpretered_entry 设置好后必须保证 _from_compiled_entry 可用，如果没有内存屏障，CPU 可能会将 _from_compiled_entry 的设置重排序到 _from_interpretered_entry 后面导致错误，所以需要 OrderAccess::storestore 指明禁止弱内存模型的 StoreStore 指令重排序。借助这些内存屏障，现在我们可以开始定义一个语义良好、可预测的内存模型。

6.2　内存模型

内存模型是指给定一段代码和这段代码被 CPU 执行的顺序，回答该执行顺序是否合法。编译器、Cache、CPU 可以自由地调整、优化、修改、删除代码，只要保证最后

⊖　Java 9 及以后的版本使用 VarHandle 代替 Unsafe 类的一些方法，包括内存屏障操作。

CPU 的执行顺序能被内存模型预测到即可，所以说，内存模型描述了程序的具体行为。

对于 Java 语言来说，内存模型还可以这样理解：在一些规则的约束下，检查代码执行顺序中的写操作能否被读操作观察到。这些规则被统称为内存模型，在这个模型下，可以确定任意程序点 P 能否读取到变量 V 的值。

6.2.1　happens-before 内存模型

最严格的内存模型是顺序一致性内存模型（Sequential Consistency Memory Model），顺序一致性内存是指程序顺序和执行顺序完全一致，假设有变量 v、读操作 r、写操作 w，那么顺序一致性内存模型还规定：

❑ 在执行顺序中，w 发生在 r 前；

❑ 在 w 和 r 之间，没有其他写操作可以发生。

换句话说，顺序一致性内存模型要求 CPU 严格按照代码的顺序执行。它禁止了所有编译器优化和处理器重排序，这对于大多数应用来说都是不可接受的。

一种更为宽松的内存模型是 happens-before 内存模型。不同于顺序一致性内存模型完全禁止优化和重排序，happens-before 内存模型只有几条合情合理的约束条件：

1）所有同步动作（加锁、解锁、读写 volatile 变量、线程启动、线程完成）的代码顺序与执行顺序一致，同步动作的代码顺序也叫作同步顺序。

❑ 同步动作中对于同一个 monitor，解锁发生在加锁前面。

❑ 同一个 volatile 变量写操作发生在读操作前面。

❑ 线程启动操作是该线程的第一个操作，不能有先于它的操作发生。

❑ 当 T2 线程发现 T1 线程已经完成或者连接到 T1，T1 的最后一个操作要先于 T2 所有操作。

❑ 如果线程 T1 中断线程 T2，那么 T1 中断点要先于任何确定 T2 被中断的线程的操作。

❑ 对变量写入默认值的操作要先于线程的第一个操作；对象初始化完成操作要先于 finalize() 方法的第一个操作。

2）如果 a 先于 b 发生，b 先于 c 发生，那么可以确定 a 先于 c 发生。

3）volatile 的写操作先于 volatile 的读操作。

只要保证上述条件成立，编译器和 CPU 就可以自由地对代码进行优化和重排序。代码清单 6-8 展示了如何使用 happens-before 内存模型预测执行顺序：

代码清单 6-8　使用 happens-before 内存模型预测执行顺序

```
public class HappensBefore {
    static int x = 0;
    static int y = 42;
    public static void main(String[] args) {
        x = 1;
        Thread t = new Thread() {
            public void run() {
                y = x;
                System.out.println(y);
            };
        };
        t.start();
        x = y + 1;
    }
}
```

根据 happens-before 的定义，x=1 先于 t.start() 发生，t.start() 先于 x=y+1 发生，t.start() 也先于 y=x 发生，那么可以预测 x=1 一定先于 x=y+1 和 y=x 发生。但是 x=y+1 和 y=x 的先后顺序是不确定的。

6.2.2　Java 内存模型

happens-before 内存模型是 Java 内存模型的必要不充分条件，它提到的条件是必要的，但是还不能满足 Java 内存模型的要求。happens-before 最致命的问题是它允许值 "无中生有"，如图 6-2 所示。

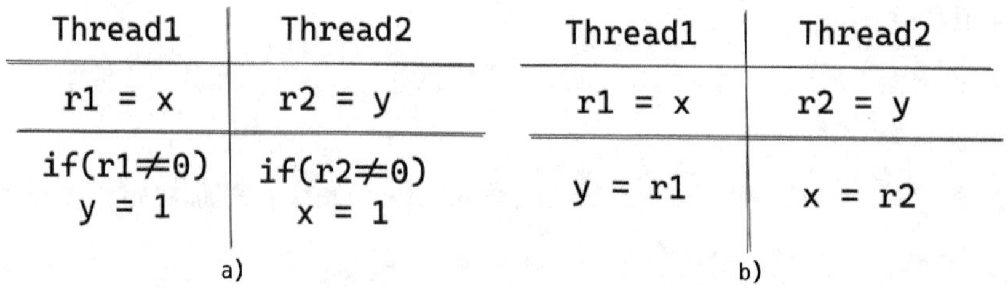

Thread1	Thread2	Thread1	Thread2
r1 = x	r2 = y	r1 = x	r2 = y
if(r1≠0) y = 1	if(r2≠0) x = 1	y = r1	x = r2
a)		b)	

注：x和y的初始值注:0，图 a 可能出现r1=r2=1，图 b 可能出现r1=r2=42

图 6-2　happens-before 的弱点

图 6-2a 正常情况应该是 r1==r2==0，但是也可能出现 r1==r2==1。因为左边没有同步操作和 volatile，所以读操作可能引发写操作，然后写操作使得每个读操作都能看到它们的值。在图 6-2b 中，x 和 y 的相互依赖，编译器遇到这种情况时可能会推测 y 为任意值，最后出现 r1==r2==42 这种情况，但是对于这个凭空出现的 42，显然是不对的。上面提到的这些问题与因果关系有关，Java 内存模型扩展了 happens-before 内存模型，并规定了哪些因果关系是可以接受的，哪些是不可接受的。

Java 早在 2004 年就拥有了一个良好定义的内存模型[⊖]，解决了大量由多线程和并发带来的错误和难以发现的 Bug，而 C++ 直到 2011 年才拥有。新的 Java 内存模型相当于开发者和硬件系统通过 HotSpot VM 这个代理人签订的"契约"，该"契约"保证了在一些特定的地方，程序中的代码顺序与硬件的执行顺序一致，而这个一致性的保证通常是由前面提到的内存屏障实现的，如图 6-3 所示。

当 volatile 字段和普通字段读写混合时会需要一些内存屏障的支持，总结以上操作可以得到如表 6-1 所示的内容。

```
class X {
  int a, b;
  volatile int v, u;
  void f() {
    int i, j;

    i = a;  // Load a
    j = b;  // Load b
    i = v;  // Load v
    ─────────── LoadLoad
    j = u;  // Load u
    ─────────── LoadStore
    a = i;  // Store a
    b = j;  // Store b
    ─────────── StoreStore
    v = i;  // Store v
    ─────────── StoreStore
    u = j;  // Store u
    ─────────── StoreLoad
    i = u;  // Load u
    ─────────── LoadLoad
    ─────────── LoadStore
    j = b;  // Load b
    a = i;  // Store a
  }
}
```

图 6-3 插入内存屏障

表 6-1 JMM 内存模型所要求的内存屏障

第 1 个操作 ＼ 第 2 个操作	普通读	普通写	volatile 读 进入 monitor	volatile 写 退出 monitor
普通读				LoadStore
普通写				StoreStore
volatile 读进入 monitor	LoadLoad	LoadStore	LoadLoad	LoadStore
volatile 写退出 monitor			StoreLoad	StoreStore

❑ 普通读：读取非 volatile 的普通字段、静态字段，以及读取数组指定索引的元素。

⊖ JSR-133: JavaTM Memory Model and Thread Specification, August 24, 2004.

❑ 普通写：写入非 volatile 的普通字段、静态字段，以及写入数组指定索引的元素。

❑ volatile 读：和普通读一样，只是字段使用 volatile 修饰。

❑ volatile 写：和普通写一样，只是字段使用 volatile 修饰。

❑ 进入 monitor：进入 synchronized 区域。

❑ 退出 monitor：退出 synchronized 区域。

举个例子，假设第一个操作是普通写，第二个操作是 volatile 写，根据表 6-1 可知，两个操作之间需要一个 StoreStore，这意味着普通写不能被重排序到 volatile 写后面，volatile 写也不能被重排序到普通写前面。除了表 6-1 中提到的操作，Java 内存模型对于 final 修饰的字段也有一些要求：如果存在对 final 字段的写操作，那么虚拟机会在后面插入 StoreStore 屏障，即 x.finalField=val; StoreStore。

6.3　基础设施

HotSpot VM 并发的基础设施主要是原子操作、ParkEvent 和 Parker，后面两个功能的重合度很高，未来可能合并为一个 ParkEvent。在笔者写这本书的时候（jdk-12+31），它们两个还是独立的个体，所以书中会分别讨论。

6.3.1　原子操作

原子操作即普通意义上的不可打断的操作。HotSpot VM 的原子模块位于 runtime/atomic，它实现了原子性的递增值、交换值、比较并交换等操作，其底层实现依赖于 CPU 指令。举个例子，x86 提供 lock 指令前缀，以保证一个 CPU 在执行被修饰的指令期间互斥地拥有对应的 Cache Line 的所有权。这个保证是并发的基础，并发离不开线程，线程离不开锁，如果多个线程在同一时刻抢锁（互斥量 / 同步量），锁内部就必须有一条只能互斥执行的代码，这便是原子指令。

6.3.2　ParkEvent

在第 4 章提过，使用 ParkEvent 可以使线程睡眠与唤醒。一个 ParkEvent 与一个线程的生命周期绑定，当线程结束时，ParkEvent 会移到一个 EventFreeList 链表，而新创建的线程会在 EventFreeList 中查找 ParkEvent，如果没有就分配新的 ParkEvent。ParkEvent 本身只有分配和释放接口，但是它继承了平台相关的 PlaformEvent，因此它就有了 PlatformEvent 提供的 park、unpark 接口，如代码清单 6-9 所示：

代码清单 6-9　POSIX PlatformEvent 的实现

```
void os::PlatformEvent::park() {
    // CAS 递减 _event 的值
    int v;
    for (;;) {
        v = _event;
        if (Atomic::cmpxchg(v - 1, &_event, v) == v) break;
    }

    if (v == 0) {
        int status = pthread_mutex_lock(_mutex);
        // 阻塞线程加一
        ++_nParked;
        // 如果递减之后 event 为 -1 则阻塞，否则立刻返回
        while (_event < 0) {
            status = pthread_cond_wait(_cond, _mutex);
        }
            // 阻塞线程减一
            --_nParked;
            _event = 0;

            status = pthread_mutex_unlock(_mutex);
            OrderAccess::fence();
    }
}

void os::PlatformEvent::unpark() {
    // 如果 _event 大于等于 0，则设置为 1 并返回
    if (Atomic::xchg(1, &_event) >= 0) return;

    // 仅当 _event 为 -1 时，即另一个线程阻塞住时才执行后面的唤醒另一个线程的操作
    int status = pthread_mutex_lock(_mutex);
    int anyWaiters = _nParked;
    status = pthread_mutex_unlock(_mutex);
    if (anyWaiters != 0) {
        status = pthread_cond_signal(_cond);
    }
}
```

ParkEvent 依赖的假设是它只被当前绑定的线程 park，但是允许多个线程 unpark。了解 Windows 的读者都知道，Windows 内核有可以作为同步工具的 Event 内核对象。

当一个操作完成时，可以将 Event 对象设置为触发状态，此时等待 Event 事件的线程将得到通知。ParkEvent 在 Windows 上是通过 Event 内核对象实现的，由于内核的原生支持，其实现也比 POSIX 简单不少，如代码清单 6-10 所示：

代码清单 6-10　Windows PlatformEvent 的实现

```
void os::PlatformEvent::park() {
    int v;
    for (;;) {
        v = _Event;
        if (Atomic::cmpxchg(v-1, &_Event, v) == v) break;
    }
    if (v != 0) return;
    while (_Event < 0) {
        DWORD rv = ::WaitForSingleObject(_ParkHandle, INFINITE);
    }
    _Event = 0;
    OrderAccess::fence();
}

void os::PlatformEvent::unpark() {
    if (Atomic::xchg(1, &_Event) >= 0) return;

    ::SetEvent(_ParkHandle);
}
```

ParkEvent 广泛应用于 HotSpot VM 内部，实现 synchronized 同步代码块、对象锁语意以及 JVM 内部用的 Mutex 等功能，更多关于它的内容将在本章后面提到。

6.3.3　Parker

除了 ParkEvent，HotSpot VM 还有个与之功能重合的 Parker，如代码清单 6-11 所示：

代码清单 6-11　Parker

```
void Parker::park(bool isAbsolute, jlong time) {
    // 如果 count 为 1，当前 park 调用直接返回
    if (Atomic::xchg(0, &_counter) > 0) return;
    ...
    if (time == 0) {
        _cur_index = REL_INDEX;
        status = pthread_cond_wait(&_cond[_cur_index], _mutex);
    }
    else {
```

```
        // 如果时间不为零，根据 isAbsolute 来选择毫秒还是微秒
        _cur_index = isAbsolute ? ABS_INDEX : REL_INDEX;
        status = pthread_cond_timedwait(...);
    }
    _cur_index = -1;
    _counter = 0;
    status = pthread_mutex_unlock(_mutex);
    OrderAccess::fence();
    ...
}
void Parker::unpark() {
    int status = pthread_mutex_lock(_mutex);
    const int s = _counter;
    _counter = 1;
    int index = _cur_index;
    status = pthread_mutex_unlock(_mutex);
    // 线程肯定是 park 的，唤醒它；对于没有 park 的线程，调用 unpark 是安全的，因为此时 unpark
    // 只会把 counter 设置为可获得然后返回。
    if (s < 1 && index != -1) {
        status = pthread_cond_signal(&_cond[index]);
    }
}
```

Parker 的核心是 _counter 值的变化，_coutner 也叫 permit。如果 permit 可获得（为 1），那么调用 park 的线程立刻返回，否则可能阻塞。调用 unpark 使 permit 可获得；调用 park 使 permit 不可获得。与之不同的是，信号量（Semaphore）的 permit 可以累加，而 Parker 只有可获得、不可获得两种状态，它可以被看作受限的信号量。

Parker 主要用于实现 JSR166 的并发组件。之前提到过 JDK 有个 Unsafe 类，该类允许 Java 层做一些底层的工作，如插入内存屏障，Parker 也是通过 Unsafe 类暴露 API 的，如代码清单 6-12 所示：

代码清单 6-12　Unsafe.park/Unsafe.unpark

```
public final class Unsafe {
    /**
     * 对调用了 park 的指定线程解除阻塞。如果指定线程没有调用 park，即没有阻塞，
     * 那么当前调用 unpark 会导致下一次调用 park 线程的线程不阻塞。
     * 注意，该操作是不安全的，因为它必须确保指定线程没有销毁，通常在 Java 层调
     * 用时不需要关心这个问题，但是在 native code 调用的时候需要。
     * @param thread 需要解除阻塞（park）状态的线程
     */
    @HotSpotIntrinsicCandidate
    public native void unpark(Object thread);
```

```
/**
 * 阻塞当前线程, 直到 unpark 被调用才解除。如果调用 park 前已经调用过 unpark
 * 那么 park 立即返回。如果当前线程已经中断, 也立即返回。如果 absolute
 * 为 false 且 time 不为 0, 那么当过了指定的微秒时间后 park 立即返回。如果
 * absolute 为 true 且 time 不为 0, 那么当过了指定的毫秒时间后 park 立即返
 * 回。如果操作系统伪唤醒, park 也立即返回。该操作之所以放到 Unsafe 类里只是
 * 因为 unpark 也在这里, 把它放在其他地方比较奇怪。
 */
@HotSpotIntrinsicCandidate
public native void park(boolean isAbsolute, long time);
...
}
```

注释描述的所有行为都和 Parker 源码一致。不过 Unsafe.park/Unsafe.unpark 不会
被 java.util.concurrent（JUC）的并发组件直接调用, 而是会被 JUC 的 LockSupport 简
单包装后再调用, 如代码清单 6-13 所示:

代码清单 6-13　LockSupport

```
package java.util.concurrent.locks;

public class LockSupport {
    private static final Unsafe U = Unsafe.getUnsafe();
    public static void park(Object blocker) {
        Thread t = Thread.currentThread();
        setBlocker(t, blocker);
        U.park(false, 0L);
        setBlocker(t, null);
    }
    public static void unpark(Thread thread) {
        if (thread != null)
            U.unpark(thread);
    }
    ...
}
```

JUC 的 "基石" ——AbstractQueuedSynchronizer 就使用了 LockSupport, 并以此构
造出整个 JUC 体系。除此之外, LockSupport 也被 ConcurrentHashMap、ForkJoinPool、
StampedLock 等 JUC 组件直接使用, 具体请参见 JDK 中的 JUC 类库源码。

6.3.4　Monitor

HotSpot VM 内部的并发主要依赖包装了 ParkEvent 并高度优化的 Monitor。Monitor

是一个复杂的实现,如代码清单 6-14 所示:

代码清单 6-14   Monitor 实现细节

```
class Monitor : public CHeapObj<mtInternal> {
    protected:
    SplitWord _LockWord ;                    // 竞争队列(cxq)
    Thread * volatile _owner;                // 锁的 owner
    ParkEvent * volatile _EntryList ;        // 等待线程列表
    ParkEvent * volatile _OnDeck ;           // 假定继承锁的线程
    volatile intptr_t _WaitLock [1] ;        // 保护 _WaitSet
    ParkEvent * volatile _WaitSet ;          // 等待集合
    volatile bool    _snuck;                 // 用于 sneaky locking
    char _name[MONITOR_NAME_LEN];            // Monitor 名称
    ...
};
```

为了追求性能和可扩展性的平衡,Monitor 实现了 fast/slow 惯例。在 fast 路径时,线程会原子性地修改 Lock_Word 中的 Lock_Byte,如果没有线程竞争 Monitor,则线程成功加锁,否则进入 slow 路径。

slow 路径的设计思想围绕扩展性。Monitor 为锁竞争的线程准备了 cxq 和 EntryList 两个队列,并包含了 OnDeck 和 owner 两种锁状态。最近达到的线程会进入 cxq,owner 表示持有当前锁的线程,OnDeck 是由 owner 选择的、作为继承者将要获取到锁的线程。同时,owner 也负责将 EntryList 的线程移动到 OnDeck,如果 EntryList 为空,那么 owner 会将 cxq 的所有线程移动到 EntryList。

就效率来说,slow 路径也是同样优秀的。它会限制并发获取锁的线程数目。比如把 GC 线程放入 WaitSet,当条件成立后 GC 线程不会立即唤醒竞争锁,因为 Monitor 会将 WaitSet 转移到 cxq 中。另外,位于 cxq 和 EntryList 中的阻塞态线程也不允许竞争锁。因此,任何时候只有三类线程可以竞争锁:OnDeck、刚释放锁的 owner 和刚到达但是未被放入 cxq 的线程。

LockWord 是一个机器字,它可以表示 cxq,存放线程指针作为一个竞争队列,也可以作为一个整型变量扮演锁的角色。线程加锁、解锁实际上是将 cxq 最低有效字节(LSB,Least Significant Byte)分别置 0、置 1。Monitor 的加锁、解锁过程比较复杂,其加锁逻辑如代码清单 6-15 所示:

代码清单 6-15　Monitor::ILock

```
void Monitor::ILock(Thread * Self) {
    // 尝试获取 cxq 锁，如果没加锁（没竞争）则快速加锁并结束
    if (TryFast()) {
Exeunt:
        return;
    }
    // 否则有竞争
    ParkEvent * const ESelf = Self->_MutexEvent;
    if (TrySpin(Self)) goto Exeunt;
    ESelf->reset();
    OrderAccess::fence();
    // 尝试获取 cxq 锁，如果成功则结束，否则将 Self 线程放入 cxq
    if (AcquireOrPush(ESelf)) goto Exeunt;

    // 任何时刻只有一个线程位于 OnDeck，如果 Self 线程没有位于 OnDeck，那么阻塞等待
    while (OrderAccess::load_acquire(&_OnDeck) != ESelf) {
        ParkCommon(ESelf, 0);
    }
    // 此时 Self 位于 OnDeck，直到获取到锁，否则它一直待在 OnDeck
    for (;;) {
        if (TrySpin(Self)) break;
        ParkCommon(ESelf,0);
    }
    _OnDeck = NULL;
    goto Exeunt;
}
```

假设有多条线程同时调用 Monitor::ILock，只有一条线程成功执行 CAS，将 cxq 锁的 LSB 置为 1，当其他线程发现竞争后，CAS 失败表示发现锁存在竞争，进入竞争逻辑。

竞争逻辑是一个复杂且漫长的过程。线程先入 cxq，然后阻塞，当它们被唤醒后会先检查自己是否在 OnDeck，如果没有则再次阻塞。如果在 OnDeck 中，除非抢到锁才能退出去，否则一直待在 OnDeck 中。解锁更为复杂，不仅需要解除锁定，还需要寻找下一个待解锁的线程，如代码清单 6-16 所示：

代码清单 6-16　Monitor::IUnlock

```
void Monitor::IUnlock(bool RelaxAssert) {
    // 将 LSB 置为 0，释放 cxq 锁
    OrderAccess::release_store(&_LockWord.Bytes[_LSBINDEX], 0);
    OrderAccess::storeload();
    // 如果 OnDeck 不为空，唤醒 OnDeck 线程
```

```
ParkEvent * const w = _OnDeck;
if (w != NULL) {
    if ((UNS(w) & _LBIT) == 0) w->unpark();
    return;
}
// OnDeck 为空，如果 cxq 和 EntryList 都为空，没有 Unlock 的线程，直接退出
intptr_t cxq = _LockWord.FullWord;
if (((cxq & ~_LBIT)|UNS(_EntryList)) == 0) {
    return;
}
// 如果在第一行代码（释放 cxq）到此处期间有线程获取到锁，那么当前 Unlock 返回
// 寻找 Succession 的任务并交给那个线程
if (cxq & _LBIT) {
    return;
}
// 寻找 Succession（寻找下一个放到 OnDeck 做 Unlock 的线程）
Succession:
if (!Atomic::replace_if_null((ParkEvent*)_LBIT, &_OnDeck)) {
    return;
}


// 如果 EntryList 不为空，则将第一个元素从 EntryList 放入 OnDeck
ParkEvent * List = _EntryList;
if (List != NULL) {
    WakeOne:
    ParkEvent * const w = List;
    _EntryList = w->ListNext;
    OrderAccess::release_store(&_OnDeck, w);
    OrderAccess::storeload();
    cxq = _LockWord.FullWord;
    if (cxq & _LBIT) return;
    w->unpark();
    return;
}
// 否则 EntryList 为空
cxq = _LockWord.FullWord;
if ((cxq & ~_LBIT) != 0) {
    // 从 cxq 获取元素，放到 EntryList
    for (;;) {
        // 如果从第一行解释代码到此处有其他线程加锁了，
        // 则寻找 Succession 的任务并交给那个线程
        if (cxq & _LBIT) goto Punt;
        intptr_t vfy = Atomic::cmpxchg(...);
        if (vfy == cxq) break;
        cxq = vfy;
    }
    // 否则从 cxq 拿出线程放入 EntryList，然后把那个线程从 EntryList 拿出
    // 放到 OnDeck，并唤醒
```

```
        _EntryList = List = (ParkEvent *)(cxq & ~_LBIT);
        goto WakeOne;
    }
Punt:
    _OnDeck = NULL;
OrderAccess::storeload();
cxq = _LockWord.FullWord;
if ((cxq & ~_LBIT) != 0 && (cxq & _LBIT) == 0) {
    goto Succession;
}
return;
}
```

之前假设了多个线程执行 Monitor::ILock，其中一个成功加锁并继续执行代码，其他线程都阻塞并等待自己被放入 OnDeck。结合之前的场景，IUnlock 先将 LSB 置为 0 释放 cxq 锁。如果 OnDeck 存在线程则解除阻塞。如果 OnDeck 为空但是 EntryList 存在线程，则将第一个元素从 EntryList 移到 OnDeck，再解除锁定。如果 EntryList 为空但是 cxq 不为空，这和我们假设的情景一致，此时将 cxq 的线程移动到 EntryList，然后再将 EntryList 的线程放入 OnDeck，最后解除锁定。

回想条件等待的一般情景：首先线程抢锁，抢到锁后线程进入等待队列然后释放锁，接着立刻阻塞等待。线程可能因为被其他线程通知，或者等待超时，或者伪唤醒而解除等待状态，此时如果要接着执行 wait() 后面的代码，需要线程能再次抢到外部的锁。Monitor::IWait() 的实现与上述场景大致相同，只是多了些细节，如代码清单 6-17 所示：

代码清单 6-17　Monitor::IWait

```
int Monitor::IWait(Thread * Self, jlong timo) {
// 执行 wait 的线程必须已经获得了锁
assert(ILocked(), "invariant");

ParkEvent * const ESelf = Self->_MutexEvent;
ESelf->Notified = 0;
ESelf->reset();
OrderAccess::fence();

// 将 Self 线程加入等待集合
Thread::muxAcquire(_WaitLock, "wait:WaitLock:Add");
ESelf->ListNext = _WaitSet;
_WaitSet = ESelf;
Thread::muxRelease(_WaitLock);
```

```
// 释放外部的锁（即执行 wait 前加的锁）
IUnlock(true);

// 线程阻塞等待，直到收到另一个线程的通知，或者超时唤醒，或者伪唤醒
for (;;) {
    if (ESelf->Notified) break;
    int err = ParkCommon(ESelf, timo);
    if (err == OS_TIMEOUT) break;
}
OrderAccess::fence();

// 现在线程从 wait 状态唤醒了，需要将它移出等待集合 WaitSet
int WasOnWaitSet = 0;
if (ESelf->Notified == 0) {
    Thread::muxAcquire(_WaitLock, "wait:WaitLock:remove");
    if (ESelf->Notified == 0) {
        ParkEvent * p = _WaitSet;
        ParkEvent * q = NULL;
        while (p != NULL && p != ESelf) {
            q = p;
            p = p->ListNext;
        }
        if (p == _WaitSet) {
            _WaitSet = p->ListNext;
        } else {
            q->ListNext = p->ListNext;
        }
        WasOnWaitSet = 1;
    }
    Thread::muxRelease(_WaitLock);
}

// 尝试重新获取锁
if (WasOnWaitSet) {
    // 如果 Self 线程是因为 wait 超时被唤醒，那么它还在等待集合里面，可直接获得锁
    ILock(Self);
} else {
    // 否则 Self 线程是因为其他线程通知而被唤醒，尝试抢锁，抢不到就阻塞等待
    for (;;) {
        if (OrderAccess::load_acquire(&_OnDeck) == ESelf
            && TrySpin(Self)) break;
        ParkCommon(ESelf, 0);
    }
    _OnDeck = NULL;
}

// 醒来后可继续执行的线程必须抢到了外部锁
```

```
    assert(ILocked(), "invariant");
    return WasOnWaitSet != 0;
}
```

6.4 锁优化

Java 语言中可以使用 synchronized 对一个对象或者方法进行加锁，然后互斥地执行 synchronized 包裹的代码块。synchronized 代码块经过编译后会产生 monitorenter 和 monitorexit 字节码并分别作为代码块的开始和结束。第 5 章提到，解释器执行 monitorenter 时会使用 lock_object() 锁住对象，lock_object() 的具体实现如代码清单 6-18 所示：

代码清单 6-18 lock_object() 的实现

```
void InterpreterMacroAssembler::lock_object(Register lock_reg) {
    // 如果强制使用重量级锁，lock_object() 就不做优化了
    if (UseHeavyMonitors) { ... } else {
        ...
        // 将加锁对象放入 obj_reg 寄存器
        movptr(obj_reg, Address(lock_reg, obj_offset));
        // 如果开启偏向锁优化且偏向加锁成功，跳转到 done，
        // 否则跳到 slow_case 使用重量级锁
        if (UseBiasedLocking) { biased_locking_enter(...);  }
        // 加载 1 到 swap_reg
        movl(swap_reg, (int32_t)1);
        // 获取加锁对象的对象头，与 1 做位或运算，结果放入 swap_reg
        orptr(swap_reg,
            Address(obj_reg, oopDesc::mark_offset_in_bytes()));
        // 再将 swap_reg 保存到 Displaced Header
        movptr(Address(lock_reg, mark_offset), swap_reg);
        // 使用对象头和 swap_reg 做比较，如果相等，将对象头替换为指向栈顶基本对象锁的指针，
        // 加锁完成跳到 done。否则将 swap_reg 设置为基本对象指针
        lock();
        cmpxchgptr(lock_reg,
            Address(obj_reg, oopDesc::mark_offset_in_bytes()));
        jcc(Assembler::zero, done);
        // 加锁失败，再看看当前对象头是否已经是指向栈顶基本对象锁
        const int zero_bits = LP64_ONLY(7) NOT_LP64(3);
        subptr(swap_reg, rsp);
        andptr(swap_reg, zero_bits - os::vm_page_size());
        movptr(Address(lock_reg, mark_offset), swap_reg);
        // 如果成功表示已经加过锁，跳到 done 完成。否则 lock_object 各种优化均失败，进入 slow_
        // case 执行重量级锁
```

```
        jcc(Assembler::zero, done);
        // 重量级锁
        bind(slow_case);
        call_VM(...InterpreterRuntime::monitorenter);
        bind(done);
    }
}
```

如果用户强制使用重量级锁（-XX:+UseHeavyMonitors）那么使用 lock_object() 也无济于事。但默认情况下 lock_object() 会应用一系列优化措施：最开始尝试偏向锁，如果加锁失败则尝试基本对象锁，如果仍然失败再使用重量级锁。具体过程大致如下：

不加锁→偏向锁→基本对象锁→重量级锁

本节将详细讨论这三种锁优化技术，还会简单介绍 x86 引入的硬件事务内存锁。

6.4.1 偏向锁

锁优化的第一个尝试是偏向锁。如果开启 -XX:+UseBiasedLocking 偏向锁优化标志，虚拟机将尝试用偏向锁操作免除加锁同步带来的性能惩罚。偏向锁会记录第一次获取该锁对象的线程的指针，然后将它记录在对象头中，并修改对应的位。此时偏向锁偏向于该线程。接下来如果同一个线程在同一个对象上执行同步操作，那么这些操作无须任何原子指令，完全消除了后续加锁、解锁的开销。但是只要有其他线程尝试获取这个锁，偏向模式就会立即结束，虚拟机会撤销偏向，后续加锁、解锁则使用基本对象锁。

由于历史原因，在多个线程上使用对应的某个对象并进行大量同步操作时，与普通锁相比，偏向锁的性能有明显提升，但是在今天，这些性能提升变得不那么明显。现代处理器的原子操作比以前开销小，另外，由于偏向锁优化针对的应用程序一般都是那些老的、过时的应用程序，它们均使用 Java 早期的 Collection API 如 Vector、Hashtable，这些类的每个操作都需要同步，而现在的应用程序，在单线程中一般使用非同步的 HashMap、ArrayList，在多线程使用更高效的并发数据结构，所以偏向锁对于现在的应用程序起到的优化效果甚微。除此之外，偏向锁的实现也相当复杂，阻碍了 HotSpot VM 开发者对代码各个部分的理解，也阻碍了 HotSpot VM 同步模块的设计变更。因此 JEP 374 提议在 JDK15 之后默认关闭偏向锁，并逐渐移除它。

6.4.2 基本对象锁

如果偏向锁获取失败，虚拟机将尝试基本对象锁。前面提到在 lock_object() 调用前，栈上 monitor 区存在一个基本对象锁，包含锁住的对象和 BasicLock，BasicLock又包含 Displaced Header。虚拟机会尝试获取锁住的对象的对象头然后与 1 做位或操作（lock_object->mark() | 1），并将获得的结果放入 rax 寄存器和栈顶 Displaced Header。接下来使用原子 CAS 指令比较 rax 寄存器和对象头，如果相等，说明对象没有加锁，可以将对象头替换为指向栈顶基本对象锁的指针和 00 轻量级锁模式。如果不相等，此时 CAS 操作会将对象头放入 rax 寄存器，然后查看对象头是否已经指向栈顶指针，即是否已经加过锁。若两次判断都失败，lock_object() 膨胀为重量级锁 ObjectMonitor。上述完整的加锁流程如图 6-4 所示。

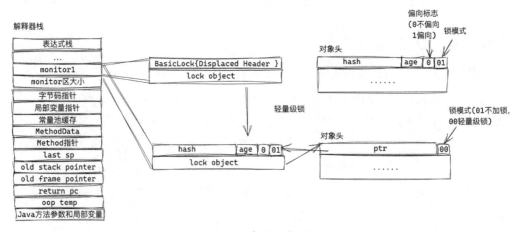

图 6-4　轻量级加锁

图 6-4 是 lock_object() 的代码逻辑。对象头与 1 位或操作其实就是判断对象尾部 2 位以确认是否加锁。第 3 章曾提到 32 位和 64 位的对象头，它们的尾部有 2 位的锁模式。当锁模式为 01 时表示未被锁定，此时 lock_obj->mark() == (lock_obj->mark()|1)，对象头被替换为指向栈上基本对象锁的指针。基本对象锁总是机器位对齐，它的最后两位是 00，而锁模式为 00 时表示已上锁。

6.4.3 重量级锁

如果上述操作都失败，虚拟机将会使用重量级锁。与 Object.wait/notify 等方法相同，重量级锁会调用 runtime/synchronizer 的 ObjectSynchronizer，它封装了一些逻辑，如对象锁的分配和释放、对象头的改变等，然后由这些函数代理 ObjectMonitor 执行 wait/notify 等底层操作。

ObjectMonitor 即重量级锁底层实现，与 Monitor 类似，ObjectMonitor 也有 cxq 和 EntryList 的概念，不过 ObjectMonitor 的实现相对来说更为复杂，如代码清单 6-19 所示：

代码清单 6-19 ObjectMonitor 加锁解锁逻辑

```
void ObjectMonitor::enter(TRAPS) {
    // CAS 抢锁，如果当前线程抢到锁则直接返回
    Thread * const Self = THREAD;
    void * cur = Atomic::cmpxchg(Self, &_owner, (void*)NULL);
    if (cur == NULL) {
        return;
    }
    // 否则 CAS 返回 _owner 给 cur，_owner 的值可能是线程指针，也可能是基本对象锁
    // 检查 _owner 是否为当前线程指针，如果是则当前线程再次加锁（递归计数加一）
    if (cur == Self) {
        _recursions++;
        return;
    }

    // 检查 _owner 是否为位于当前线程栈上的基本对象锁，如果是则递归计数加一以加锁
    if (Self->is_lock_owned ((address)cur)) {
        _recursions = 1;
        _owner = Self;
        return;
    }

    // 否则当前对象锁的 _owner 是其他线程或者位于其他线程栈上的基本对象锁
    // 尝试自旋来和其他线程竞争该锁
    Self->_Stalled = intptr_t(this);
    if (TrySpin(Self) > 0) {
        Self->_Stalled = 0;
        return;
    }
    // 如果自旋竞争失败
    JavaThread * jt = (JavaThread *) Self;
    Atomic::inc(&_count);
    {
        // 改变当前线程状态，使其阻塞在对象锁上
        ...
            EnterI(THREAD);
        ...
```

```
        // 阻塞结束, 线程继续执行
            exit(false, Self);
        ...
    }
    Atomic::dec(&_count);
    Self->_Stalled = 0;
}


void ObjectMonitor::exit(bool not_suspended, TRAPS) {
    Thread * const Self = THREAD;
    // 如果 _owner 不是当前线程
    if (THREAD != _owner) {
        ...
    }
    // 否则 _owner 是当前线程, 或者当前线程栈上的基本对象锁
    // 如果已经加过锁, 递归计数减一即可
    if (_recursions != 0) {
        _recursions--;
        return;
    }
    _Responsible = NULL;
    // 由于当前线程没有递归加锁, 同时又是对象锁的持有者, 这意味着当前线程执行对象锁的 exit,
    // 同时还需要找到下一个待唤醒的线程, 因为如果当前线程结束了同步执行又没有唤醒其他线程,
    // 那么其他线程会无限等待下去
    for (;;) {
        // 将对象锁持有者置空
        OrderAccess::release_store(&_owner, (void*)NULL);
        OrderAccess::storeload();
        // 如果没有其他线程竞争对象锁, 直接返回
        if ((intptr_t(_EntryList)|intptr_t(_cxq)) == 0 || _succ != NULL){
            return;
        }
        if (!Atomic::replace_if_null(THREAD, &_owner)) {
            return;
        }
        // 如果 EntryList 中存在等待对象锁的线程
        ObjectWaiter * w = NULL;
        w = _EntryList;
        if (w != NULL) {
            ExitEpilog(Self, w);
            return;
        }
        // cxq 中存在等待对象锁的线程, 将线程从 cxq 转移到 EntryList
        // ---- 1. 保存 cxq
        w = _cxq;
        if (w == NULL) continue;
        // ---- 2. 将 cxq 置空
        for (;;) {
```

```
        ObjectWaiter * u = Atomic::cmpxchg(NULL, &_cxq, w);
        if (u == w) break;
        w = u;
    }
    //---- 3.将 cxq 转移到 EntryList
    _EntryList = w;

    // 将 EntryList 中的所有线程设置为 TS_ENTER
    ObjectWaiter * q = NULL;
    ObjectWaiter * p;
    for (p = w; p != NULL; p = p->_next) {
        p->TState = ObjectWaiter::TS_ENTER;
        p->_prev = q;
        q = p;
    }

    if (_succ != NULL) continue;
    // 唤醒 EntryList 的第一个线程
    w = _EntryList;
    if (w != NULL) {
        ExitEpilog(Self, w);
        return;
    }
  }
}
```

获取对象锁的核心逻辑是首先尝试使用 CAS 获取锁（设置 _owner），如果失败再和其他线程正常竞争对象锁，并在竞争失败的情况下阻塞。

释放对象锁只需要检查当前线程是否持锁，如果持锁（且没有多次获取过，即递归计数为 0）则释放锁（设置 _owner 为 NULL），同时如果对象锁已经存在其他等待获取的线程，挑选一个等待对象锁的线程唤醒即可。

6.4.4 RTM 锁

从因特尔微架构 Haswell 开始，增加了事务同步扩展指令集，该指令集包括硬件锁消除和受限事务内存（Restricted Transactional Memory，RTM）。下面详细介绍 RTM 如何从硬件上支持程序执行事务代码。

RTM 使用硬件指令实现。xbegin 和 xend 限定了事务代码块的范围，两者结合相当于 monitorenter 和 monitorexit。如果在事务代码块执行过程中没有异常发生，寄存器和内存的修改都会在 xend 执行时提交。xabort 可以用于显式地终止事务的执行，xtest 检查 EIP/RIP 是否位于事务代码块。前文提到过锁的膨胀过程大致如下：

不加锁→偏向锁→ 基本对象锁→重量级锁

如果开启 -XX:+UseRTMLocking，经过 C2 编译后的代码的加锁过程会多一个 RTM 加锁代码：

无锁→基本对象锁→重量级锁的 RTM 加锁→重量级锁

如果同时开启 -XX:+UseRTMLocking 和 -XX:+UseRTMForStackLocks，加锁过程会增加两步：

无锁→基本对象锁的 RTM 加锁→基本对象锁→重量级锁的 RTM 加锁→重量级锁

RTM 的关键是无数据竞争。当没有数据竞争时，只要多个线程访问 xbegin 和 xend 限定事务代码中的同一个内存位置且没有写操作，那么硬件允许多个线程同时并行执行完事务，即使 monitor 代码段的语义是互斥执行。但是当发生数据竞争时，事务执行会失败，且事务终止的开销和事务重试的开销不容忽视。可见，RTM 从实现到工业应用还有很长的一段路要走。

6.5　本章小结

6.1 节介绍了重排序和内存屏障，它们是 Java 内存模型的基础。6.2 节简单介绍了 Java 内存模型，它在程序的一些特定的地方设置内存屏障，禁止指令重排序的发生，使程序顺序和执行顺序保持一致。6.3 节介绍了虚拟机内部并发基础设施，包括原子操作、ParkEvent、Parker、Monitor，它们广泛用于虚拟机内部的各种需要同步的地方。6.4 节介绍了更高层次的基于并发继承设施的锁优化策略。

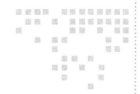

第 7 章 Chapter 7

编译概述

编译器是一个相对复杂且专业的领域，需要一些先验理论知识。本章将简单讨论编译理论的基本概念，也会逐一讨论 HotSpot VM 本身涉及的许多特设的编译技术，为后面的篇章打下理论基础。

7.1 编译器简介

传统的编译方法可分为即时（Just In Time，JIT）编译和提前（Ahead Of Time，AOT）编译。JIT 和 AOT 没有权威的定义，不过一般来说，AOT 指在程序运行前完成编译，AOT 编译可以生成可执行机器代码（如常见的 C/C++、Rust 等语言的编译），也可以提前生成较高级的字节码等中间表示（如 javac 将 Java 程序 AOT 编译为 JVM 字节码）。通常 AOT 编译只需由开发者编译一次，后续程序即可多次执行。

JIT 指在程序启动后、执行前进行编译。所以程序每次执行时都要进行一次或多次 JIT 编译。JIT 可以充分使用运行时收集到的数据，如 receiver 的类型、if 分支计数等，然后进行 PGO 优化（Profiling-guided Optimization）使程序运行性能达到峰值。但是由于 JIT 的编译发生在程序执行过程中，需要运行时的内存、CPU 资源，更重要的是 JIT 的编译时间也会影响程序执行时间，所以在设计 JIT 编译器时不能只考虑被编译程序的执行效率，编译效率（或称为 JIT 吞吐量）也是重要的考量标准，甚至影响整个编译器的设计架构。

AOT 又叫静态编译，是指在运行前编译源代码，无须运行时开销，同时可以应用很多重量级的耗时优化，使编译后的机器代码能够快速启动，占用内存较小。但是 AOT 缺少程序运行时的信息，对某些程序的峰值性能优化有限。

综合上述内容可知，JIT 和 AOT 各有千秋，在选择编译方法时需要综合考虑语言特性、类型系统等，在一些情况下，还可以使用两者的组合。

7.1.1　运行时代码生成

在讨论即时编译器前，首先要清楚一个重要问题：如何即时编译？要实现即时编译，需要一种动态生成可执行代码。冯·诺依曼架构将数据和指令都储存在存储器中，这种架构可以将可执行指令视作数据写入内存，然后将那片内存的数据视作指令供CPU 执行，简单的示例如代码清单 7-1 所示：

代码清单 7-1　动态代码生成技术

```
#include <cstdio>
#include <sys/mman.h>
#include <cstring>
// macOS + x64 + clang
int main(){
    // 机器代码
    constexpr unsigned char code[]={
        0x55,0x48,0x89,0xe5,0x89,0x7d,0xfc,0x89,0x75,0xf8,
        0x8b,0x75,0xfc,0x03,0x75,0xf8,0x89,0xf0,0x5d,0xc3,
    };
    constexpr int ncode = sizeof(code)/sizeof(code[0]);
    // 分配内存，设置为可执行权限
    void* mem = mmap(0, ncode, PROT_WRITE | PROT_EXEC,
                     MAP_PRIVATE | MAP_ANONYMOUS, -1, 0);
    memcpy(mem,code,ncode);
    // 将分配的内存地址转换为函数
    auto add_fun= (int(*)(int,int))mem;
    // 调用加法函数
    printf("%d",add_fun(3,2));
    munmap(mem,ncode);
    return 0;
}
```

代码清单 7-1 展示了运行时代码生成的原理：先分配一片内存，然后将其设置为可执行，接着向内存中写入机器代码，最后将内存地址强制类型转换为函数指针再调用它。代码清单 7-1 中的 code 就是需要运行时生成的机器代码，它对应加法函数，如代码清单 7-2 所示：

代码清单 7-2　code 的原始面貌

```
55              pushq    %rbp                ; 函数序幕
48 89 e5        movq     %rsp, %rbp
89 7d fc        movl     %edi, -4(%rbp); 获取第一个参数
89 75 f8        movl     %esi, -8(%rbp); 获取第二个参数
8b 75 fc        movl     -4(%rbp), %esi
03 75 f8        addl     -8(%rbp), %esi; 两个参数相加
89 f0           movl     %esi, %eax          ; 结果放入 eax
5d              popq     %rbp                ; 函数收尾
c3              retq
```

如果直接手写二进制代码，显得太过"硬核"，同时代码也会完全不可维护、不可修改，所以在 HotSpot VM 中，生成机器代码依赖于宏汇编器 MacroAssembler，它使用的是一种类似汇编的风格，如代码清单 7-3 所示：

代码清单 7-3　HotSpot VM 中的运行时代码生成

```
__  mov(rbp);                       //生成 55
__  mov(rsp,rbp);                   //生成 48 89 e5
__  mov(edi,Address(rbp,-4));       //生成 89 7d fc
...
```

无须硬核手写机器代码，只需要写出汇编形式，宏汇编器就可以为它生成对应的机器代码。除了即时编译器外，第 5 章的解释器生成也涉及动态代码生成技术，只是它是在虚拟机创建时初始化解释器的各个例程。动态代码生成的另一个常见场景是编写 shellcode。

7.1.2　JIT 编译器

高性能从来都是虚拟机绕不开的话题，为此，JVM 在性能方面做了很多努力。早期虚拟机只有字节码解释器，后面实现了模板解释器，现在是模板解释器和即时编译器混合。HotSpot VM 包含两个即时编译器：客户端即时编译器（C1）和服务端即时编译器（C2）。

C1 面向客户端程序，需要快速响应用户请求，它编译速度快，占用资源少，产出

代码性能适中。C2 面向长期运行的服务端程序，允许虚拟机在编译上花更多时间以换取峰值运行性能。它使用了更多激进的优化以提高性能，包括基于类层次分析的内联、快速路径慢速路径区分、全局值编号、常量传播、指令选择、图着色寄存器分配和窥孔优化等。这些优化使得 C2 编译时间更长，占用资源更多，但产出代码性能极佳。

7.1.3 AOT 编译器

即时编译本身是很快的，但是如果 Java 程序比较大，可能会花费更多时间在代码预热上，因为被即时编译的前提条件是方法的执行足够频繁。为了了解方法执行频率，模板解释器会进行方法调用计数和回边计数，这就会占用部分内存空间，对于一些不常使用的 Java 方法来说是不必要的，如果能提前编译掉这些方法，就可以省去运行时性能计数开销，所以，AOT 编译器应运而生。

Java 9 包含了仅 Linux 可用的一个实验性质的 AOT 编译器 jaotc[⊖]，Java 11 后的 jaotc 支持所有操作系统。jaotc 使用 Graal 编译器作为后端，它可以在虚拟机启动前将 Java 类编译成 ELF 格式的共享库，然后在虚拟机启动后加载共享库。虚拟机将共享库看作 Code Cache 的补充数据，当加载 Java 类时，虚拟机查找共享库看能否找到已经存在的方法，如果找到就将它关联起来。jaotc 编译产出的共享库的代码和普通 JIT 编译后的代码一样，加载到虚拟机后可能发生退优化、类卸载等行为。对于一些长期运行的服务端程序，它们可能经历和 JIT 编译器相同的生命周期。除此之外，目前 jaotc 的限制较多，能编译的 Java 代码和使用场景也比较有限，一个更好的选择是 Graal VM 平台的 Substrate VM。

7.1.4 JVMCI JIT 编译器

HotSpot VM 使用 C++ 语言，所以 C2 也是 C++ 写成的。使用 C++ 没什么本质上的错误，但却有一些麻烦。C++ 是一门不安全的语言，这意味着 C++ 的错误可以造成虚拟机崩溃，同时由于代码年代久远，用 C++ 写的 C2 变得很难维护，很难扩展。

编译器组件和垃圾回收器等组件不同，它无须一些低级语言特性，本质是将一个 byte[] 转换为另一个 byte[]。也许是 Java 比 C++ 更安全，也许是探寻编译的本质，JEP 243 提案通过了基于 Java 语言的 JVM 编译器接口 JVMCI。通过 JVMCI 接口可以使用

⊖ 地址为 http://openjdk.java.net/jeps/295 JEP295: Ahead-of-Time Compilation。

Java 语言编写即时编译器，然后"外挂式"地植入虚拟机来代替 C2 编译器。

JVMCI 只是一个接口，它需要一个具体的实现者。HotSpot VM 自带的 JVMCI 实现和 jaotc 一样也要用到 Graal 编译器，需要附加虚拟机参数 -XX:+UnlockExperimental VMOptions -XX:+UseJVMCICompiler -XX:+EnableJVMCI 开启。

7.2 即时编译技术

传统编译只需要为源代码生成对应的机器代码即可，而即时编译是与运行时密切相关的，即编译器需要考虑在何种情况下进行编译、编译完成后机器代码如何被虚拟机使用等。接下来将简单介绍即时编译涉及的一些技术。

7.2.1 分层编译

非此即彼的两个即时编译器可能不是最佳选择。那么，是否有一种编译技术可以综合实现解释器的快速启动、C1 的快速预热和 C2 的高性能产出呢？可以使用 -XX:+TieredCompilation 开启分层编译，它额外引入了四个编译层级。

1）第 0 级：解释执行。

2）第 1 级：C1 编译，开启所有优化（不带 Profiling）。

3）第 2 级：C1 编译，带调用计数和回边计数的 Profiling 信息（受限 Profiling）。

4）第 3 级：C1 编译，带所有 Profiling 信息（完全 Profiling）。

5）第 4 级：C2 编译。

常见的分层编译层级转换路径如图 7-1 所示。

❏ 0→3→4：常见层级转换。用 C1 完全编译，如果后续方法执行足够频繁再转入 4 级。

❏ 0→2→3→4：C2 编译器繁忙。先以 2 级快速编译，等收集到足够的 Profiling 信息后再转为 3 级，最终当 C2 不再繁忙时再转到 4 级。

❏ 0→3→1/0→2→1：2/3 级编译后因为方法不太重要转为 1 级。如果 C2 无法编译也会转到 1 级。

❏ 0→(3→2)→4：C1 编译器繁忙，编译任务既可以等待 C1 也可以快速转到 2 级，然后由 2 级转向 4 级。

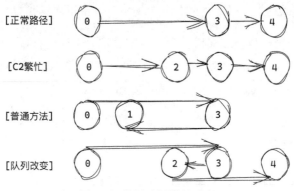

图 7-1　分层编译常见路径

在 JDK 7 及之前版本中，可以使用 -XX:CompileThreshold=<val> 调整编译一个方法的时机，但是在开启分层编译后，该参数会被忽略，判断一个方法是否编译的条件不再基于单个参数，而是综合考虑一系列因素和多个参数，类似于下面的公式：

$$\text{Predicate}(i, b) = (i > \text{Tier3InvocationThreshold})$$

或者

$$(i > \text{Tier3MinInvocationThreshold and } i+b > \text{Tier3CompileThreshold})$$

其中 i 表示方法调用的次数，b 表示回边发生的次数，-XX:Tier3ComilpeThreshold 默认为 2000。

7.2.2　栈上替换

模板解释器使用方法计数和回边计数识别热点，其中，方法计数识别热点方法，回边计数识别热点循环，如图 7-2 所示。

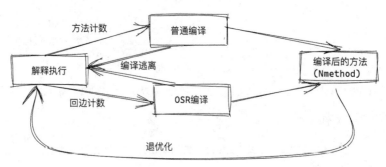

图 7-2　OSR 与退优化

一个合理的猜想是编译器识别出热点代码然后进行编译，等待编译完成，在下一次调用时，可直接调用编译后的机器代码代替解释执行。但在实际情况中并不总是有"下一次调用"的机会。假如有一个包含了千万次的循环方法，方法只执行一次，此时如果等待方法执行完成再进行编译，由于方法只调用一次，编译器将没有机会使用编译后的代码。

为了防止编译器做这种无用功，需要一种技术在解释执行循环期间将代码替换为编译后的代码，即循环的第 N 次使用解释执行，第 $N+1$ 次使用编译后的代码，这样就能将"下一次调用"缩小到"下一次循环"。这种技术叫作栈上替换（On Stack Replacement，OSR）。OSR 机制类似协程切换，它将解释器栈的数据打包到 OSR buffer，然后在编译后的代码里面提取 OSR buffer 的数据放入编译后的执行栈，再继续执行。

7.2.3 退优化

虚拟机执行方法或循环的次数越多，它知道的代码的额外信息就越多。假设虚拟机执行了很多次 obj.equals() 发现 obj 的类型都是 String，那么虚拟机可以乐观地认为 obj 就是 String 类型，继而直接调用 String.equals，省去了查询 obj 虚函数表的开销。但是如果后续变量 obj 接收到其他类型的对象，虚拟机也必须有处理这种少数情况的能力，这种处理少数情况的行为即退优化。

除了上述这个例子外，编译器优化还会做很多乐观的假设，它广泛使用 fast/slow 惯例，乐观地认为大部分情况程序都是走快速路径 fast，而只有极少数情况走慢速路径 slow。当极少数情况发生时，虚拟机将执行退优化，使用慢速路径作为后备方案。退优化可以认为是栈上替换的逆操作。

7.3 编译理论基础

C1 和 C2 编译器涉及很多编译原理的概念与常识，下面将简单描述这些基本概念。

7.3.1 中间表示

中间表示（Intermediate Representation，IR）是编译器内部用到的表示源码的数据结构。根据它的表达能力，又可以分为高级中间表示（HIR），中级中间表示（MIR）和低级中间表示（LIR）。正如之前提到的，控制流图也是一种相对高级的中间表示，对它的分析和优化无须考虑机器架构的细节，只需要关注控制流本身的意义。

中间表示是编译的灵魂，作为一架中间桥梁，它消弭了源码缺少细节和机器代码过度细节的沟壑，整个编译流程都是围绕中间表示进行的。HotSpot VM 的 C1 使用 HIR 和 LIR 两种中间表示，C2 使用理想图。C1 和 C2 的中间表示如图 7-3 所示。

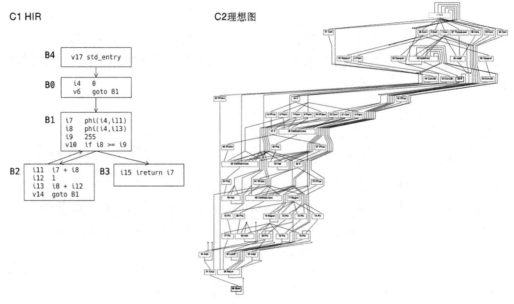

图 7-3　C1 HIR 和 C2 理想图

中间表示决定了编译器优化的实现复杂度和可能性：过度简单的 IR 导致编译器前端花费大量时间生成中间代码，而复杂的 IR 导致后端代码生成变得更为困难。中间表示的设计在很大程度上是艺术而不是科学：如果不用现存的中间表示，在新的设计中就会有许多要决定的问题，如果使用现存的中间表示，就需要考虑它对新编译器的各种适应性问题。

7.3.2　基本块与控制流图

基本块（Basic Block）是指只能从第一条指令进入，并从最后一条指令离开的最长的指令序列，即一个基本块的代码中间不能包含跳转指令。基本块的第一条指令只能是方法的入口，或者跳转的目标，该指令又被称为首领（Leader）指令。基本块的这些限制使得它很适合各类编译器分析和编译优化，以代码清单 7-4 为例：

代码清单 7-4　循环的 Java 示例

```
public static int sum(){
    int sum = 0;
    for(int i = 0; i < 255; i++){
        sum += i;
    }
    return sum;
}
```

将它转换为基本块后如图 7-4 所示，方框表示基本块，代码清单 7-4 中有三个跳转的可能：进入循环头，循环条件不满足跳出循环，循环结束跳转到循环头。根据定义，这三个跳转分别发生在 B0、B1 和 B2 基本块的结束处。

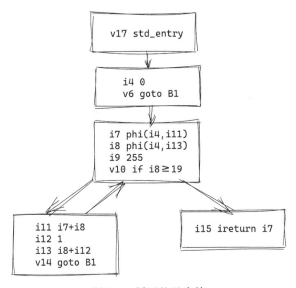

图 7-4　循环的基本块

读者可能已经发现，多个基本块通过边连接，可以组成一个有向图，这个有向图就是控制流图（Control Flow Graph，CFG），用于表示程序在运行时所有可能的程序执行路径。

CFG 是控制流分析的核心结构，它包含了很多特性。比如 CFG 中如果不存在到达某个基本块的路径，那个基本块及其子块构成的子图就是死代码，可以被安全移出；如果从起始基本块出发无法到达退出基本块，就说明方法中存在一个死循环，通过基本块可以很容易地检测到；如果达到 A 基本块的所有路径都必须经过 B 基本块，那么 B 基本块支配（Dominate）A 基本块，A 基本块反向支配 B 基本块，寻找基本块的支配树可以找出 CFG 中的所有循环，以便后续优化。CFG 非常重要，所以现代优化编译器几乎都将代码转化为基本块然后构造 CFG 作为后端编译优化的第一步。

7.3.3　静态单赋值

假设存在一个赋值操作 a=b+c，如果编译器想知道 a 是否是常量，就必须先知道 b 和 c 是否是常量，但编译器不知道任何关于 b 和 c 这两个变量的有用信息，所以必须向上查找所有 b 和 c 的使用处和定义处，或者将它们缓存起来。另一种更方便的方式是使用静态单赋值（Static Single Assignment，SSA）形式，关于 SSA 的最简单的定义是所有变量只定义一次，但是可以多次使用。因为变量只赋值一次，只需要查找一次 b 和 c 的定义处即可确认它是否是常量，继而确认 c 是否是常量。

大多数对同一个变量的多次赋值都可以转换为 SSA 形式，但的确存在对同一个变量多次赋值且难以用 SSA 形式表示的情况，为此 SSA 引入了 ϕ 函数（phi function）。如图 7-3 所示的 B1 基本块，i8 表示代码清单 7-1 的变量 i，它有一次初始赋值 0，每次循环结束 i 会递增。SSA 使用 i8 = phi(i4,i13) 合并这两次赋值，用来表示变量 i，这样 i8 的值会根据程序执行时实际选择的路径等于 i4 或者 i13 的其中一个。SSA 的每个变量相当于包含了显式的 Use-Def 信息，该特性使得可轻松地在它上面进行数据流分析。

7.3.4　规范化

规范化（Canonicalize）是指将代码转化为一种简洁、统一的表示，即 Canonical Form。假设有一个值是负数，如果一元减法运算符作用于该负数，那么可以消除运算符，只留下原始值，即 --x==x，这便是规范化。规范化的另一个示例如代码清单 7-5 所示，它们都表示一个意思：

代码清单 7-5　x+4 的四种写法

```
X + 2 + 2
4 + X
2 + (X + 2)
X + 4
```

规范化会选择一种统一形式如 X+4，然后将其他形式都优化为统一形式。规范化的关键不是当前形式变形带来的收益，而是将代码转化为统一形式以便后续可以高效、简单地进行优化，因为后续的优化只需要知道加法的一种统一形式是变量＋常量的形式，不需要再考虑常量＋变量的情况。

7.3.5　值编号

值编号（Value Numbering）是一种常见的编译优化技术。值编号分为局部值编号（Local Value Numbering，LVN）和全局值编号（Global Value Numbering，GVN），前者作用于一个基本块，后者作用于整个函数，可以发现更多的优化机会。

值编号的目的是尽量找出程序中哪些表达式在执行时总是具有相同的值。工作机制是为每个 SSA 值赋予一个独一无二的编号，在后续分析中，如果发现两个表达式的值编号相同（参数值的编号和操作符都是相同的），则两个表达式应该拥有相同的编号，即两个表达式在执行时会有相同的计算结果。利用这些等价信息，再加上表达式之间的控制流关系，编译器就可以以某种方式（CSE、PRE、CCP 等）消除冗余计算，使得程序更加高效地执行。关于局部值编号的例子如图 7-5 所示。

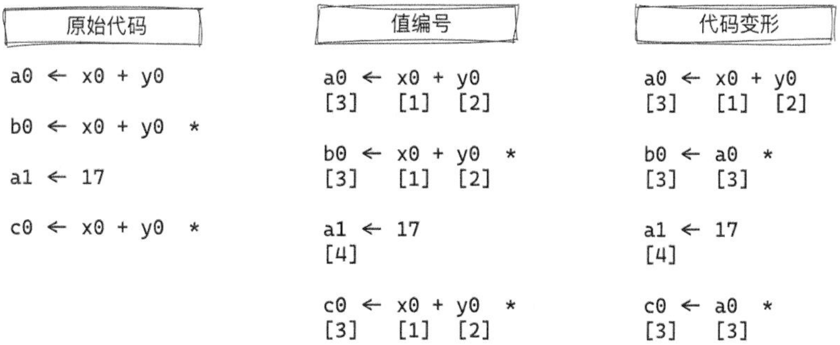

原始代码	值编号	代码变形
a0 ← x0 + y0	a0 ← x0 + y0 [3]　[1]　[2]	a0 ← x0 + y0 [3]　[1]　[2]
b0 ← x0 + y0 ＊	b0 ← x0 + y0 ＊ [3]　[1]　[2]	b0 ← a0 ＊ [3]　[3]
a1 ← 17	a1 ← 17 [4]	a1 ← 17 [4]
c0 ← x0 + y0 ＊	c0 ← x0 + y0 ＊ [3]　[1]　[2]	c0 ← a0 ＊ [3]　[3]

图 7-5　值编号示例

原始代码 b0 和 c0 的计算存在重复。通过值编号为每个值赋予一个独一无二的编号，由于 a0、b0、c0 的编号都是 3，可以使用同一个值代替，所以后续变形中 b0 和 c0 复用 a0 的计算结果。

但在实际应用中，还需要结合实际情况具体分析。假如 v1 和 v2 都是读取同一个数组相同索引的元素，它们不一定能拥有相同的值编号，但是如果 v1、v2 中间的某些操作可以改变 v2 再次读取的值，那么 v2 显然不能使用 v1 代替。

7.3.6 自顶向下重写系统

重写系统表示一系列诸如 a–>b 重写规则的集合，其中 a 和 b 表示树模式，a–>b 还可以关联一个成本 Cost。作为重写系统的一种，自底向上重写系统（Button-Up Rewrite System，BURS）是指令选择（Instruction Selection）常用的方法。BURS 的目标是给定输入树，在重写系统中找到一系列重写规则，使得输入树能通过系列规则后匹配，同时成本最小。

7.3.7 循环不变代码外提概述

循环不变代码外提（Loop Invariant Code Motion）可以将一个循环中的循环不变代码提出到循环外面。循环不变代码是指每次计算结果都相同的变量 / 值，将不会改变的代码提出到循环外面可以减少计算次数，尤其是当循环次数较多时，不变代码外提效果显著。代码清单 7-6 中包含了一个不会随着循环而改变的 invariant 变量：

代码清单 7-6　循环不变代码外提示例

```
int code_motion(int val){
    int sum = 0;
    for(int i=0;i<100;i++){
        int invariant = 15 + val*val*val; // 循环不变的变量
        sum += invariant + i;
    }
    return sum;
}
```

使用循环不变代码外提优化后，对应的控制流图如图 7-6 所示。

如图 7-6 所示，.L3 表示循环，当优化后 invariant 被提出到 .L3 外面的 @3 处，无须在循环中反复计算。

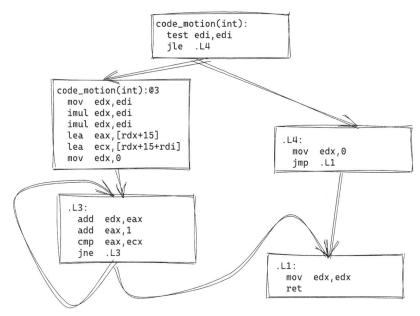

图 7-6 应用循环不变代码外提后的控制流图

7.4 调试方法

俗话说磨刀不误砍柴工，在研究即时编译器前了解调试方法和准备好调试工具是有必要的，了解了它们，可以从外部更直观地了解编译器的内部情况。

7.4.1 编译日志

简单观察编译行为可以使用 -XX:+PrintCompilation 参数实现，如代码清单 7-7 所示，它会输出所有编译过的方法：

代码清单 7-7 -XX:+PrintCompilation 输出

时间戳	编译 ID	属性	编译级别	方法名（方法大小）退优化
30631	3958	n	0	java.lang.Class::getDeclaringClass0 (native)
30632	3959	b	3	MemNode::main (19 bytes)
30634	3960	b	4	MemNode::main (19 bytes)
30637	3959		3	MemNode::main (19 bytes) made not entrant
30638	3961 %	b	4	MemNode::main @ 2 (19 bytes)

时间戳表示编译完成的时间，与该时间相对的是 JVM 启动时间。属性字符有多

种：% 表示栈上替换（方法后面的 @2 表示发生栈上替换的字节码索引）；s 表示编译同步方法；! 表示方法存在异常处理器；b 表示阻塞模式下发生的编译；n 表示封装 native 方法所发生的编译。编译级别即分层编译的等级。方法大小表示 Java 字节码大小而非编译产出的机器代码大小。

如果发生退优化，需要撤销之前编译过的方法，这时候尾部会标注 made not entrant（方法取消进入），或 made zombie（僵尸代码）。产生 made not entrant 的原因可能是编译器的乐观假设被打破，或者发生了分层编译。如代码清单 7-7 所示，MemNode::main 方法首先经过 3 级的 C1 编译，后续又经过 4 级的 C2 编译，此时 C1 产生的机器代码就会被标注为取消进入，但是方法仍然保留在 CodeCache，直到该方法不被虚拟机及服务线程使用，也不被其他方法调用时，再将方法标注为 made zombie。

7.4.2 编译神谕

编译神谕是指 -XX:CompileCommand=subcommand,<pattern> 命令，通过它可以使用户控制虚拟机中即时编译器的行为。subcommand 表示子命令，每个子命令都有特定的行为。

❑ break：在编译器和生成的机器代码中打断点。
❑ print：输出方法的汇编表示。
❑ exclude：不编译和内联某个方法。
❑ inline：总是内联某个方法。
❑ dontinline：不内联某个方法。
❑ compileonly：只编译。
❑ log：用日志记录编译过程。

<pattern> 用于指定方法，可以使用 package/Class.method 形式，也可以使用 package.Class::method 形式。方法名和类名可以使用星号（*）模糊匹配。

7.4.3 可视化工具

本节介绍 3 个主要的编译器的可视化工具。

1. c1visualizer

前文提到，中间表示是编译器的灵魂，为了了解编译器的工作机制，可以使

用 -XX:+PrintIR 输出 C1 的 HIR，使用 -XX:+PrintIRWithLIR 输出 C1 的 LIR，但是这些选项是以文本形式输出的，而 C1 的中间表示是图 IR，文本表示很难直观地表达它的结构，所以 c1visualizer 应运而生。

c1visualizer 可以可视化地输出 C1 编译器的 HIR 和 LIR，还能可视化 LIR 寄存器分配阶段的值的存活范围，如图 7-7 所示。

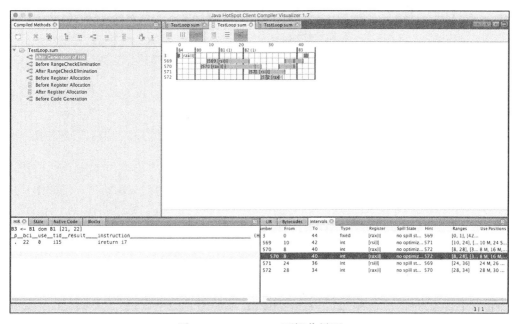

图 7-7　c1visualizer 可视化界面

2. idealgraphvisualizer

idealgraphvisualizer 是 C2 的中间表示的可视化工具，它可以帮助理解 C2 理想图的构造过程。

可以使用 -XX:PrintIdealGraphLevel=<val> 配合 -XX:PrintIdealGraphFile=ideal.xml 输出理想图的文本形式供 idealgraphvisualizer 分析。-XX:PrintIdealGraphLevel 的可选值是 0 ~ 4，值越大，输出的过程越详细，如图 7-8 所示。

idealgraphvisualizer 还支持自定义过滤器以过滤理想图中的部分节点，同时支持 Graal IR 的可视化。

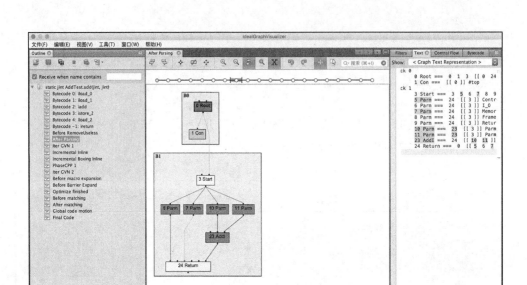

图 7-8　idealgraphvisualzer 可视化界面

3. JITWatch

JITWatch 可以方便地映射源码、字节码和 JIT 生成的机器代码，还可以支持可视化 Code Cache、nmethod、编译时间线等，如图 7-9 所示。

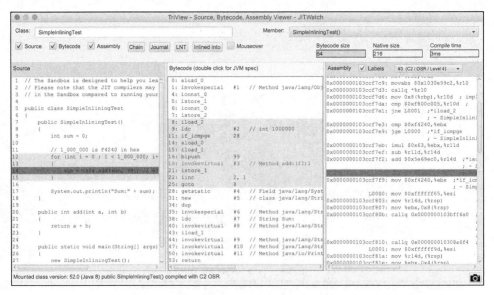

图 7-9　JITWatch 查看源码、字节码和机器代码映射

7.5　本章小结

本章简单介绍了虚拟机涉及的编译技术。7.1 节介绍了即时编译器依赖的运行时代码生成技术，然后分门别类地介绍了 HotSpot VM 的各类编译器。7.2 节介绍 HotSpot VM 特设的编译技术，它们和虚拟机运行时紧密相连。为了理解后面两章，7.3 节介绍了一些编译术语的基本概念，读者如果在后面两章遇到疑问，可以回顾本节的内容。最后 7.4 节介绍了编译器的调试方法和调试工具，便于读者深入理解即时编译器的行为。

C1 编译器

C1 使用经典的基于静态单赋值的两层图 IR 作为 HIR：第一层为控制流图，用于处理控制流；第二层为基本块，用于处理数据流。C1 的 HIR 同时含有控制流和数据流，是学习编译原理的良好实例，本章将详细讨论 C1 编译器（后面简称 C1）。

8.1 编译流程

本节从源码出发，简单介绍 C1 的中间表示和编译流程。后续小节将详细描述这些过程。

8.1.1 进入 C1

当解释器发现热点方法时会调用 CompilerBroker::comple_method() 向编译任务队列投递一个编译任务（Compile Task），C1 编译器线程发现队列有编译任务时会被唤醒，并拉取编译任务然后进入 JIT 编译器的世界。目光转向 C1 编译线程（C1 Compiler Thread），它最开始阻塞在编译任务队列，发现编译任务后被唤醒，经过代码清单 8-1 所示调用链后开始编译。

代码清单 8-1　C1 调用链

```
JavaThread::thread_main_entry()
```

```
-> compiler_thread_entry()
   -> CompilerBroker::compiler_thread_loop()
      -> CompileBroker::invoke_compiler_on_method() // 使用 C1
         -> Compiler::compile_method()              // 进入 C1 世界
            -> Compilation::Compilation()           // 代码编译
               -> Compilation::compile_method()
                  -> Compilation::compile_java_method()
```

C1 的完整编译周期等价于 Compilation 对象的构造周期，Compilation::compile_
method 包含编译代码和安装编译后代码两个动作，Compilation::compile_java_method
表示编译动作，阅读 C1 的源码可以从这里入手，如代码清单 8-2 所示。

代码清单 8-2　Compilation::compile_java_method

```
int Compilation::compile_java_method() {
    { // 构造 HIR
        PhaseTraceTime timeit(_t_buildIR);
        build_hir();
    }
    { // 构造 LIR
        PhaseTraceTime timeit(_t_emit_lir);
        _frame_map = new FrameMap(...);
        emit_lir();
    }
    { // 生成机器代码
        PhaseTraceTime timeit(_t_codeemit);
        return emit_code_body();
    }
}
```

C1 将 Java 字节码转换为各种形式的中间表示，然后在其上做代码优化和机器代
码生成，这个机器代码就是 C1 的产出。可以看出，连通 Java 字节码和 JIT 产出的机
器代码的桥梁就是中间表示，C1 的大部分工作也是针对中间表示做各种变换。

有一个取巧的办法可以得到 C1 详细的工作流程：C1 会对编译过程中的每个小阶
段做性能计时，这个计时取名就是阶段名字，所以可以通过计时查看详细步骤，如代
码清单 8-3 所示。

代码清单 8-3　C1 编译详细流程

```
typedef enum {
    _t_compile,                   // C1 编译
        _t_setup,                 // 1) 设置 C1 编译环境
```

```
        _t_buildIR,                    // 2) 构造 HIR
            _t_hir_parse,              // 从字节码生成 HIR
            _t_gvn,                    // GVN 优化
            _t_optimize_blocks,        // 基本块优化
            _t_optimize_null_checks,   // null 检查优化消除
            _t_rangeCheckElimination,  // 数组范围检查消除
        _t_emit_lir,                   // 3) 构造 LIR
            _t_linearScan,             // 线性扫描寄存器分配
            _t_lirGeneration,          // 生成 LIR
        _t_codeemit,                   // 机器代码生成
        _t_codeinstall,                // 将生成的本地代码放入 nmethod
    max_phase_timers
} TimerName;
```

总地来说，C1 的编译流程是：**字节码解析生成 HIR → HIR 优化 → HIR 生成 LIR →线性扫描寄存器分配→机器代码生成→设置机器代码。**

8.1.2 高级中间表示

开发者用 Java 写代码，经过 javac 编译得到相对紧凑、简洁的字节码，但是即便是字节码，对于编译器来说也还是太过高级，所以编译器会使用一种更适合编译优化的形式来表征字节码，这个更适合优化的形式即高级中间表示（HIR）。

HIR 是由基本块构成的控制流图，基本块内部是 SSA 形式的指令序列。第二阶段的 build_hir() 不仅会构造出 HIR，还会执行很多平台无关的代码优化，如代码清单 8-4 所示。

代码清单 8-4　构造 HIR

```
void Compilation::build_hir() {
    ...
    // 创建 HIR
    {
        PhaseTraceTime timeit(_t_hir_parse);
        _hir = new IR(this, method(), osr_bci());
    }
    ...
    // 优化：条件表达式消除，基本块消除
    if (UseC1Optimizations) {
        NEEDS_CLEANUP
        PhaseTraceTime timeit(_t_optimize_blocks);
        _hir->optimize_blocks();
    }
```

```
    ...
    // 优化：全局值编号优化
    if (UseGlobalValueNumbering) {
        PhaseTraceTime timeit(_t_gvn);
        int instructions = Instruction::number_of_instructions();
        GlobalValueNumbering gvn(_hir);
    }
    // 优化：范围检查消除
    if (RangeCheckElimination) {
        if (_hir->osr_entry() == NULL) {
        PhaseTraceTime timeit(_t_rangeCheckElimination);
        RangeCheckElimination::eliminate(_hir);
        }
    }
    // 优化：NULL 检查消除
    if (UseC1Optimizations) {
        NEEDS_CLEANUP
        PhaseTraceTime timeit(_t_optimize_null_checks);
        _hir->eliminate_null_checks();
    }
}
```

build_hir() 在第一阶段解析字节码生成 HIR[注]；之后会检查 HIR 是否有效，如果无效，会发生编译脱离，此时编译器停止编译，然后回退到解释器。当对 HIR 的检查通过后，C1 会对其进行条件表达式消除，基本块消除；接着使用 GVN 后再消除一些数组范围检查；最后做 NULL 检查消除。另外要注意的是，如果使用 -XX:+TieredCompilation 开启了分层编译，那么条件表达式消除和基本块消除只会发生在分层编译的 1、2 层。

8.1.3　低级中间表示

高级中间表示屏蔽了具体架构的细节，使得优化更加方便。当这些优化完成后，为了贴近具体架构，还需要将高级中间表示转换为低级中间表示（LIR），然后基于 LIR 进行寄存器分配，如代码清单 8-5 所示。

代码清单 8-5　emit_lir

```
void Compilation::emit_lir() {
    {  // HIR 转换为 LIR
```

[注]　如果 JVM 是 fastdebug 版，加上 -XX:+PrintIR 参数可以输出每一个步骤的 HIR，加上 -XX:+Print
CFGToFile 标志会在字节码文件同目录下得到一个 output_xx.cfg 文件，使用 c1 visualizer 可以对它进行可视化。

```
        PhaseTraceTime timeit(_t_lirGeneration);
        hir()->iterate_linear_scan_order(&gen);
    }
    {   // 寄存器分配。将 LIR 的虚拟寄存器映射到物理寄存器
        PhaseTraceTime timeit(_t_linearScan);
        LinearScan* allocator = new LinearScan(hir(), &gen, frame_map());
        allocator->do_linear_scan();
        ...
    }
}
```

首先使用 LIRGenerator 将 HIR 转换为更低级的 LIR，然后使用 LinearScan 根据线性寄存器分配算法将 LIR 中的虚拟寄存器映射到指令集架构允许的物理寄存器上。一个直观的 HIR 表示可以参见代码清单 8-6，它表示一个简单的 a+b 的加法操作，其中 a 和 b 是方法参数。

代码清单 8-6　加法的 HIR

```
B1 -> B0 [0, 0]
    Locals size 3 [static jint AddTest.add(jint, jint)]
    0    i1    [method parameter]
    1    i2    [method parameter]
_p__bci__use__tid__instruction_____ (HIR)
 .  0    0    v6    std entry B0

B0 <- B1 [0, 5] std
    Locals size 3 [static jint AddTest.add(jint, jint)]
    0    i1
    1    i2
_p__bci__use__tid__instruction_____ (HIR)
    2    0    i3    i1 + i2
 .  5    0    i4    ireturn i3
```

当完成 HIR 转 LIR 以及寄存器分配之后，生成的 LIR 如代码清单 8-7 所示。

代码清单 8-7　加法的 LIR

```
 B1 -> B0 [0, 0]
_nr__instruction_____ (LIR)
 0    label [label:0x0000000125245ea0]
 2    std_entry

B0 <- B1 dom B1 [0, 5] std
_nr__instruction_____ (LIR)
 10   label [label:0x00000001252451d0]
```

```
14  add [rsi|I] [rdx|I] [rsi|I]
16  move [rsi|I] [rax|I]
18  return [rax|I]
```

[rsi|I] 表示使用物理寄存器 rsi 存放 int 值。类似的还有 [R10|L]，表示虚拟寄存器 R10 存放 long 值。[stack:0|I] 表示栈的第 0 个槽存放 int 值。[int:1|I] 表示 int 常量 1。

当 LIR 完成寄存器分配后，Compilation::emit_code_body() 会将 LIR 代码转化为机器代码，emit_code_body() 会将任务最终委托给 LIR_Assembler。由于 LIR 代码近似于指令集表示，所以机器代码生成的过程可看作线性映射的过程，一些高级的 LIR 代码除外，因为这些需要更多的汇编模拟。

8.2　从字节码到 HIR

正如之前看到的，C1 的 HIR 是一个基于静态单赋值的图 IR，由基本块构成控制流图，由静态单赋值指令构成基本块，如图 8-1 所示。

所有的指令都派生自 Instruction 类，其中，BlockBegin 表示基本块的起点，BlockEnd 表示基本块的结束。BlockBegin 和 BlockEnd 合起来表示一个基本块，BlockBegin 的 predecessors 表示当前基本块的前驱块，BlockEnd 的 successors 表示当前基本块的后继块，它们连接起来组成一幅控制流图。BlockBegin 的 next 指向基本块的下一条指令，如 LogicOp、LoadField 等；下一条指令的 next 又指向再下一条，如此反复，最终形成一个指令序列，即基本块内部的 SSA 指令链表。

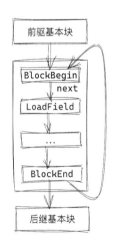

图 8-1　HIR 具体结构

build_hir() 会创建一个 GraphBuilder 对象，而这个创建的过程就是字节码转换为 HIR 的过程。该过程主要分为两步：首先使用 BlockListBuilder 划分出所有基本块，找出循环头，然后使用 SSA 指令（即 Instruction 的子类）填充每个基本块。

8.2.1　识别基本块

字节码是线性结构，所以在识别时可以使用 BlockListBuilder 线性地遍历字节码，找到 if_cmp*、goto、throw、return、tableswitch、lookupswitch 这些可以改变控制流的字节码，将它们标记为 leader 字节码，并据此划分出基本块的边界，如代码清单 8-8 所示。

代码清单 8-8　划分基本块，找出循环头

```
BlockListBuilder::BlockListBuilder(...){
    set_entries(osr_bci);       // 设置入口基本块，会特殊处理 OSR 入口点
    set_leaders();              // 找到 leader 字节码，划分基本块
    mark_loops();               // 标记循环
}
```

BlockListBuilder 还会标记循环，这个过程也是必要的，因为循环头所在的基本块可能存在多个前驱基本块，而多个前驱基本块隐含着一个变量可能会有不同的定义，所以为了合并同一个变量可能存在的不同定义，编译器需要创建 Phi 节点。编译器也包含了许多与循环相关的优化，它们都要求知晓循环所在。

8.2.2　抽象解释

当划分出基本块和找出循环头后，控制流图（CFG）已经初具雏形，但是基本块内部还是空的，换句话说，BlockBegin 的 next 是空的，需要使用 Instruction 填充基本块。填充代码如代码清单 8-9 所示。

代码清单 8-9　填充基本块

```
GraphBuilder::GraphBuilder(...){
    // 划分基本块，找出循环头
    BlockListBuilder blm(compilation, scope, osr_bci);

    ...// 设置控制流图入口基本块状态
    _initial_state = state_at_entry();
    start_block->merge(_initial_state);
    switch (scope->method()->intrinsic_id()) {

        ...   // 特殊处理一些 intrinsic 方法
    default:
        scope_data()->add_to_work_list(start_block);
        // 对于每个基本块，遍历字节码，解释得到 SSA 指令并填充基本块
        iterate_all_blocks();
        break;
    }
    ...
}
```

由于 CFG 是图结构，C1 将使用广度优先遍历，而广度优先遍历的实现通常需要用一个队列进行辅助，该队列即代码清单 8-9 所示的 worklist。iterate_all_blocks() 将使用广度优先遍历对每个基本块进行遍历，并对每个基本块的字节码抽象解释（Abstract Interpretation）。

所谓抽象解释是指 C1 像模板解释器一样，解释执行基本块对应的字节码，并生成对应的 SSA 指令。解释过程中需要的局部变量和操作数会放到 ValueStack，如图 8-2 所示。

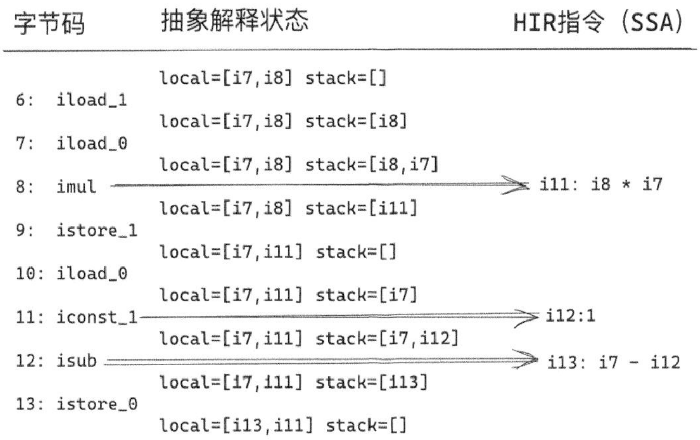

```
字节码            抽象解释状态                          HIR指令（SSA）

              local=[i7,i8] stack=[]
6:  iload_1
              local=[i7,i8] stack=[i8]
7:  iload_0
              local=[i7,i8] stack=[i8,i7]
8:  imul   ─────────────────────────────────────> i11: i8 * i7
              local=[i7,i8] stack=[i11]
9:  istore_1
              local=[i7,i11] stack=[]
10: iload_0
              local=[i7,i11] stack=[i7]
11: iconst_1 ────────────────────────────────────> i12:1
              local=[i7,i11] stack=[i7,i12]
12: isub   ─────────────────────────────────────> i13: i7 - i12
              local=[i7,i11] stack=[i13]
13: istore_0
              local=[i13,i11] stack=[]
```

图 8-2　解释执行字节码得到 SSA 指令

以图 8-2 所示为例，假设图中所示是一个基本块，包含了左边的字节码。C1 解释执行字节码，并将状态放到 ValueStack 中。状态包括存放局部变量与函数入参的 local 和存放临时计算结果的 stack。左侧的 [i7,i8] 表示局部变量，当解释 iload_1 时，加载局部变量 i8 到 ValueStack 中，该字节码不生成 SSA 指令；当解释 iload_0 时，加载 i7 到 ValueStack，该字节码不生成 SSA 指令；当解释 imul 时，该字节码会生成 SSA 指令，该指令以 ValueStack 的两个值作为参数，产出新的值 i11 并放入 ValueStack；当解释 istore_1 时，将 i11 放入局部变量表的第二个槽，该字节码不产生 SSA 指令。

解释完成后生成的三条 SSA 指令会填充到基本块中，至此 HIR 的构造就完成了，之前基于栈的字节码变成了基于寄存器的 SSA 指令。如果读者构造 HotSpot VM 时使用的是 fastdebug 类型，加上 -XX:+PrintIR 参数可以输出每一个步骤的 HIR（这一步对应输出的 IR after parsing 阶段）。

注意，C1 生成 SSA 指令后并非简单地加入基本块，而是会调用 append_with_bci 函数，该函数会对当前生成的 SSA 指令进行若干局部优化，如常量折叠、局部值编号等。换句话说，这些（由于 SSA 本身的特性决定）轻量级的优化在 HIR 构造完成时就已经完成了，而 build_hir() 实现的一些 HIR 优化是更为复杂，也相对重量级的优化。上面提到的这些轻量级优化的内容将在 8.3 节描述。

8.3　HIR 代码优化

为了减少编译时间，C1 在抽象解释生成 HIR 期间，每生成一条 SSA 指令，都会调用 append_with_bci 努力尝试若干局部优化。除此之外，HIR 构造完成之后，C1 还会执行若干轻量级全局优化。本节将详细描述这些优化的执行过程。这些优化都位于 build_hir()。

8.3.1　规范化

C1 解释执行基本块字节码构造 SSA 指令时会进行规范化（Canonicalize[⊖]），将 HIR 指令转化为一种更简洁、更统一的形式，具体说明如下。

- ❏ 算术运算：如果整数减法的两个操作数相同则用常量 0 代替。如果加、减、乘、除、求余、位与、位或、位异或的两个操作数都是常量，则编译器用常量代替计算指令。
- ❏ ArrayLength：JVM 的 arraylength 字节码可以取数组长度。在规范化期间如果发现数组是编译器可知的字面值，则用常量代替这条指令。
- ❏ 比较运算：如果比较运算的两个操作数都是相同的值，则用常量 0 代替。
- ❏ Intrinsic：如果是一些 @HotSpotIntrinsicCandidate 标注的函数，比如 java.lang. Float 的 floatToIntBits()，C1 将计算出常量结果，然后用该常量代替函数调用。

C1 的规范化实现于 c1_Canonicalizer。每当将一条字节码转换为一条 SSA 指令时，调用 append_with_bci 的过程中就会应用规范化，规范化是这些局部优化执行的最佳时机。代码清单 8-10 所示以 NegateOp 为例展示了规范化的具体实现。

⊖　使用 -XX:+PrintCanonicalization 可以输出 C1 的规范化过程。

代码清单 8-10　NegateOp 规范化

```
void Canonicalizer::do_NegateOp(NegateOp* x) {
ValueType* t = x->x()->type();
if (t->is_constant()) { // 如果 -x 中 x 为常量，那么使用常量代替
switch (t->tag()) {
    case intTag:
    set_constant(-t->as_IntConstant   ()->value()); return;
    ...// long、float、double 同样
    default    : ShouldNotReachHere();
    }
  }
}
```

当新插入 NegateOp 时，C1 会检查 NegateOp 的操作数是否为常量，即是否为诸如 −3、−4.3 这样的常量，如果是常量那么可以不插入 NegateOp，而是使用常量代替。规范化涉及的优化 / 变形是简单但确有成效的，了解它们是了解编译器优化的一个良好开端。

8.3.2　内联

方法调用是一个开销昂贵的操作，它可以将参数从一个栈帧传递到另一个栈帧，也可以保留栈空间、设置 EIP 指针等。对于一些简单方法，如 getter、setter，通过内联可以减少它们的调用开销。更重要的是，内联可以将复杂且耗时的跨过程分析 / 优化转换成更简单的过程内分析 / 优化，所以更多的内联可以触发后续更多的优化。

当 C1 解释执行基本块的字节码构造 SSA 指令时，如果遇到 4 条 invoke 字节码，它会调用 GraphBuilder::try_inline() 尝试内联。C1 目前默认内联不超过 35 字节的方法，可以通过 -XX:MaxInlineSize=val 修改该限制。

对于静态方法，内联是比较简单的，但是虚方法的内联相对困难，因为具体的调用者类型是动态的。如果调用某个方法取决于它的调用者的类型，那么该方法被称为多态方法。如果调用者在运行时总是被派发到相同类的虚方法，那么该方法被称为单态（Monomorphic）方法。Java 方法虽然默认都是虚方法，但是在实际使用中大多数调用都是单态调用。为了识别单态方法，C1 在调用 try_inline() 前会执行类层次分析（Class Hierarchy Analysis，CHA），在找到单态方法后再尝试内联。

随之而来的问题是，CHA 是对当时虚拟机加载类的依赖图进行分析得到一个方

法，该依赖图并不是永久成立的，如图 8-3 所示。

```
void foo(){            A create(){              class A{
 A p = create();        if( ... ){                void bar(){ ... }
 p.bar();                  return new A();       }
}                       }else{
                           return new B();       class B extends A{
                        }                          void bar(){ ... }
                       }                         }
```

图 8-3　CHA 是对当时环境的乐观假设

如图 8-3 所示，假设类 B 没有加载进虚拟机，编译器乐观地假设只存在 A，并找到只有 A.bar() 符合要求然后进行内联。后面某个时候如果 create() 加载了类 B，破坏了之前 CHA 分析的依赖图，此时虚拟机必须准备逃生窗口，停止编译后，跳转到未编译的代码继续执行，并使用退优化回退到解释器解释执行代码的阶段，这个过程类似于栈上替换的逆操作。退优化还需要处理从编译后的代码到解释器之间栈布局的不同而带来的问题。

8.3.3　基本块优化

使用 -XX:+UseC1Optimizations 可以开启基本块优化，基本块优化包括条件表达式消除和空检查消除。

条件表达式消除（Conditional Expression Elimination）会检查 CFG 中的条件表达式，然后使用 IfOp 指令替换条件表达式。这样可以生成更高效的机器代码，因为有些后端指令集包含条件传送指令（cmovecc, setcc），可以直接实现 IfOp 指令。Java 是一门安全的语言，当访问对象为 NULL 时必须抛出对应的空指针异常。在每次访问对象前，虚拟机必须检查对象是否为 NULL。

空检查消除优化（Null Check Elimination）会尝试消除一些显式的空检查，或者将它们替换为隐式检查。如果可以证明对象不为 NULL，比如同时访问对象两次，第一次已经检查过，那么第二次检查就可以消除。

8.3.4　值编号

C1 值编号的实现位于 c1_ValueMap.hpp 中。每个基本块对应一个 ValueMap，由于支持全局值编号，为了避免后继基本块复制当前基本块的内容，ValueMap 被组织成一个具有层级的哈希表，使用一个 _nesting 字段表示层级。

C1 同时包含局部值编号和全局值编号。局部值编号发生在 C1 解释执行基本块的字节码构造的 SSA 指令中，如代码清单 8-11 所示。

代码清单 8-11　局部值编号

```
Instruction* GraphBuilder::append_with_bci(...) {
    ...
    if (UseLocalValueNumbering) {
        // 寻找当前基本块的值编号表中是否存在值 i1
        Instruction* i2 = vmap()->find_insert(i1);
        if (i2 != i1) {
            // 如果值编号表中存在 i1，则复用它
            return i2;
        }
        // kill 集计算
        ValueNumberingEffects vne(vmap());
        i1->visit(&vne);
    }
    ...
}
```

局部值编号可简单地看作哈希表查重的过程。但是实际情况要复杂一些，正如之前提到的，假设存在 v1、v2 都是读取同一个数组相同索引的元素，即便它们的值编号相同，也不能用 v1 代替数组元素读取操作，因为在 v1、v2 读取中可能存在对数组相同位置赋值的操作，如图 8-4 所示。

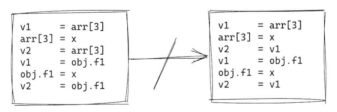

图 8-4　即使值编号相同，也不能替换

当 v1 和 v2 间发生赋值，就可认为赋值操作"杀死"了前面已读取的值。除了赋值操作外，monitor 指令和方法调用也会"杀死"前面所有内存读取操作，因为调用的方法可能对内存做任何事情。代码清单 8-11 中的 ValueNumberingEffects 就是用来计算这些可能"杀死"读操作的方法的。全局值编号发生于 HIR 构造完毕后，与局部值编

号的代码类似，只是涉及多个基本块，需要考虑 kill 集的传递和 Phi 节点的问题。

8.3.5 数组范围检查

根据 Java 的语义规范，在访问数组时，虚拟机需要检查索引是否是一个有效值，并在索引无效的情况下抛出 ArrayIndexOutOfBoundsException 异常。对于一些计算密集或数学应用程序，频繁地进行数组访问索引检查是会产生不小的开销，数组范围检查消除（Range Check Elimination）旨在对程序进行静态分析，以此消除一些不需要的数组范围检查操作，如代码清单 8-12 所示。

代码清单 8-12　安全数组访问

```
public static void zero(int[] arr){
    for(int i=0;i<arr.length;i++){
        arr[i] = 0;
    }
}
```

在证明了 i 总是位于有效数组范围后，可以完全消除循环中数组赋值前的检查。

8.3.6 循环不变代码外提

如果关闭分层编译，执行 GVN 优化前会使用 ShortLoopOptimizer 做一些简单的循环优化，如循环不变代码外提（Loop Invariant Code Motion，LCM）。LCM 是指将循环中不变的值移动到循环外面，以消除每次都要进行的计算，如代码清单 8-13 所示。

代码清单 8-13　循环不变代码外提

```
void LoopInvariantCodeMotion::process_block(BlockBegin* block) {
    ...
    // 形参表示位于循环的所有基本块。遍历基本块中的每一条指令
    while (cur != NULL) {
        bool cur_invariant = false;
        // 如果指令是常量且不能发生 trap；或者指令是算术/逻辑/位运算，指令读取字段值
        // 等；再或者指令获取数组长度，且数组长度是不变代码。那么该指令是循环不变代码
        if (cur->as_Constant() != NULL) {
            cur_invariant = !cur->can_trap();
        } else if (cur->as_ArithmeticOp() != NULL || cur->as_LogicOp() !=
            NULL || cur->as_ShiftOp() != NULL) {
            Op2* op2 = (Op2*)cur;
            cur_invariant = ...;
```

```
    } else if (cur->as_LoadField() != NULL) {
        cur_invariant = ...;
    } else if (cur->as_ArrayLength() != NULL) {
        ArrayLength *length = cur->as_ArrayLength();
        cur_invariant = is_invariant(length->array());
    } else if (cur->as_LoadIndexed() != NULL) {
        LoadIndexed *li = (LoadIndexed *)cur->as_LoadIndexed();
        cur_invariant = ...;
    }
    // 如果该指令是循环不变代码
    if (cur_invariant) {
        // 将该指令从循环内部移动到循环前面
        Instruction* next = cur->next();
        Instruction* in = _insertion_point->next();
        _insertion_point = _insertion_point->set_next(cur);
        cur->set_next(in);
        ...
    } else {
        prev = cur;
        cur = cur->next();
    }
    }
}
```

LCM 遍历构成循环的所有基本块，然后遍历基本块的每一条指令，当发现满足要求的循环不变代码时，将循环不变代码从循环基本块中移除，然后添加到 insertion_point 所在的基本块，insertion_point 即支配循环头的基本块，具体示例如代码清单 8-14 所示。

代码清单 8-14　循环不变代码外提 Java 代码示例

```
public class LoopInvariantMotion {
    private static int[] arr = new int[]{1,2,3,4};
    public static void loopInvariant(){
        int s = 0;
        for(int i=0;i<10;i++){
            s += arr.length;    // 循环不变代码 arr.length
            s += arr[2];        // 循环不变代码 arr[2]
        }
    }
}
```

对应的 HIR 如图 8-5 左侧所示，其中 B1 和 B2 构成 for 循环，B0 基本块支配 B1 基本块。

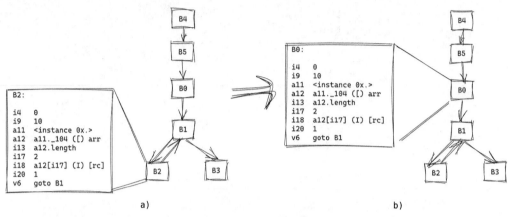

图 8-5　循环不变代码外提

当发现循环基本块 B2 中的两个不变量后，C1 会将它移到循环外面的 B0 基本块中，B0 基本块支配循环头基本块 B1。

8.4　从 HIR 到 LIR

LIR 类似于三操作数的实现，但多了一些诸如对象分配和加锁的高级指令。C1 遍历 HIR 的每个基本块，为每个基本块的每条 SSA 指令生成对应的 LIR 指令。从 HIR 到 LIR 的转换过程由 LIRGenerator 完成，如代码清单 8-15 所示。

代码清单 8-15　从 HIR 到 LIR

```
void LIRGenerator::block_do(BlockBegin* block) {
    block_do_prolog(block);  // 转换每个基本块前的操作
    set_block(block);
    // 遍历基本块中的所有 HIR 指令，调用 do_root(instr) 将它们转换为 LIR 指令
    for (Instruction* instr = block; instr != NULL; instr = instr->next()) {
        if (instr->is_pinned()) do_root(instr);
    }
    set_block(NULL);
    block_do_epilog(block);  // 转换每个基本块后的操作
}
```

do_root(instr) 负责根据 HIR 生成 LIR 指令，但是生成的前提是 HIR 指令必须是经过 pin 处理的。假设 HIR 存在三条加法指令（i1:5，i2:5，i3:i1+i2），经过 pin 处理的指令会被编译器视作 root，这里 i3 被 pin 处理，i1 和 i2 作为常量未被 pin 处理，所以生

成 LIR 时会跳过 i1 和 i2 直接从 i3 开始。

8.4.1　return 生成

pin 只是一个优化动作，即使未被 pin 住，只要有需要，编译器还是会为它生成对应的 LIR。比如当处理 i3 时，编译器需要将 i2、i3 作为加法指令的操作数，此时它会使用 LIRItem 包装 i2 和 i3 两个操作数，并调用 walk() 为它们生成对应的 LIR。生成 LIR 的过程如代码清单 8-16 所示。

代码清单 8-16　LIR 代码生成

```
void LIRGenerator::do_Return(Return* x) {
    // 如果返回类型为 void，则生成不包含操作数的 return LIR 指令
    if (x->type()->is_void()) {
        __ return_op(LIR_OprFact::illegalOpr);
    } else {
        // 否则为操作数创建虚拟寄存器，然后将虚拟机寄存器作为 return 指令的操作数
        LIR_Opr reg = result_register_for(x->type(), /*callee=*/true);
        LIRItem result(x->result(), this);
        result.load_item_force(reg);
        __ return_op(result.result());
    }
    set_no_result(x);
}
```

根据 HIR 的 return 是否返回 void 选择生成无操作数还是含一个操作数的 LIR 指令。

8.4.2　new 生成

C1 在生成 LIR 时还会遇到很多问题，有些指令，如 new、monitor 操作，需要与虚拟机的许多组件交互，为它们生成 LIR 指令是一个复杂且困难的任务，如代码清单 8-17 所示。

代码清单 8-17　new 指令 LIR 生成

```
void LIRGenerator::do_NewInstance(NewInstance* x) {
    CodeEmitInfo* info = state_for(x, x->state());
    LIR_Opr reg = result_register_for(x->type()); // 使用 rdx 存放结果
    new_instance(...);
    LIR_Opr result = rlock_result(x);
    __ move(reg, result); // reg->result
}
void LIRGenerator::new_instance(...) {
```

```
// 将 klass 移动到 rdx 寄存器
klass2reg_with_patching(klass_reg, klass, info, is_unresolved);
if (UseFastNewInstance && ...) {
    ... // 特殊处理
} else {
    // 生成 NewInstanceStub
    CodeStub* slow_path = new NewInstanceStub(...);
    // 跳转到 NewInstanceStub 的 entry
    __ branch(lir_cond_always, T_ILLEGAL, slow_path);
    // 从 NewInstanceStub 跳转回来继续执行
    __ branch_destination(slow_path->continuation());
}
}
```

实际上 C1 并不会为它们生成 LIR 指令，而是创建一段 NewInstanceStub 代码，然后跳转到 NewInstanceStub 的 entry 执行，如图 8-6 所示。

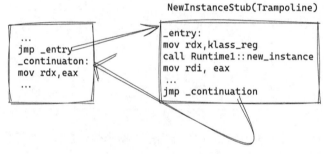

图 8-6　NewInstanceStub

NewInstanceStub 相当于一个跳床（Trampoline），执行流从外部跳到它的 entry，由它调用 Runtime1::new_instance 分配对象，然后跳到外部的 continuation 处继续执行。

8.4.3　goto 生成

LIRGenerator 会为 HIR 指令 goto 生成对应的 LIR 指令，如代码清单 8-18 所示。

代码清单 8-18　do_Goto

```
void LIRGenerator::do_Goto(Goto* x) {
    set_no_result(x);
    ...
```

```
        move_to_phi(x->state());
        __ jump(x->default_sux());
}
```

goto 的 LIR 其实就是一个 jmp 跳转指令。一个值得注意的问题是 SSA 形式中有 Phi 指令，而 LIR 是一种接近物理机器架构的低级中间表示，没有指令集支持 Phi，所以必须在生成期间逆变换消除 Phi 指令。这一步由 LIRGenerator::move_to_phi 完成，具体思想如图 8-7 所示。

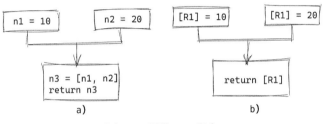

图 8-7　消除 Phi 指令

在 HIR 中，在不同基本块为同一个变量（假设是 x）赋值时可能会使用不同的 SSA 指令，如图 8-7a 所示，左边基本块 x 的赋值被表示为 n1-10，右边基本块 x 的赋值被表示为 n2=20，最终它们的后继基本块使用 phi 指令合并数据，x 被表示为 n3=[n1,n2]，这样符合 SSA 的定义。但 LIR 不是 SSA，不需要遵守它的规则，且 LIR 需要更进一步了解底层架构，Phi 应当被消除，此时同一个变量 x 在不同基本块中使用相同的寄存器 R1 存储。

8.4.4　线性扫描寄存器分配

线性扫描寄存器分配方式会为 LIR 的虚拟寄存器分配一个物理寄存器，如果物理寄存器的空间不足，则用内存代替（溢出到内存，之前寄存器的读写变成内存地址的读写）。C1 使用线性扫描寄存器算法（Linear Scan Register Allocation，LSRA）满足它的设计理念，LSRA 算法的具体实现位于 c1_LinearScan 中，该算法始于 do_linear_scan()，如代码清单 8-19 所示。

代码清单 8-19　do_linear_scan()

```
void LinearScan::do_linear_scan() {
```

```
number_instructions();
compute_local_live_sets();
compute_global_live_sets();
build_intervals();
sort_intervals_before_allocation();
allocate_registers();
resolve_data_flow();
if (compilation()->has_exception_handlers()) {
    resolve_exception_handlers();
}
propagate_spill_slots();
sort_intervals_after_allocation();
eliminate_spill_moves();
assign_reg_num();
...
}
```

LSRA 算法首先通过数据流分析中的经典方式——活跃分析，计算出值的活跃性，以便后续配置构造值的存活范围。compute_local_live_sets 面向单个基本块，它会对基本块中的每条指令进行计算，得到一个 live_gen 集合和 live_kill 集合。

- live_gen（生成集）：在当前基本块中使用，在前驱基本块定义的值。live_gen 又称 use 集。
- live_kill（杀死集）：在当前基本块定义的值，该值可能"杀死"其在前驱基本块的定义。live_kill 又叫 def 集。

对于每一条 LIR 指令，这一步都会检查它的输入操作数、输出操作数、临时操作数。如果输入操作数没有位于 live_kill 集，即当前基本块没有定义，那么将它加入 live_gen 集。输出操作数和临时操作数都加入 live_kill 集，因为它们是对值的定义。接着使用 compute_global_live_sets 将数据流分析扩展至所有基本块，它的核心思想可用下面的数据流方程表示：

$$\text{In}(b) = \text{LiveGen}(b) \bigcup (\text{Out}(b) - \text{LiveKill}(b))$$
$$\text{Out}(b) = \bigcup_{s \in \text{Succ}(b)} \text{In}(s)$$

该数据流方程的思想源于这些简单的事实：如果在一个基本块内使用了一个值，那么该值一定存在于基本块的 live_in 集合；如果一个值存在于 live_in 集合，那么它一定存在于该基本块的某个前驱基本块的 live_out 集合，因为控制流的边不会生成新的值；如果一个值存在于 live_out 集合，而且它没有在当前基本块中定义，则当前基本块的 live_in 集一定包含它。

读者可能已经发现，根据 live_gen、live_kill 得到基本块 live_in 和 live_out 集的过程是一个由下至上的过程，所以活跃分析是一个反向数据流分析。当数据流分析完成后 build_intervals 开始构造存活范围，如代码清单 8-20 所示：

代码清单 8-20　LIR 示例

```
B2 [6, 14] pred: B3 sux: B3
__id__Operation_____
   24 label [label:0x31da17c]
   26 move [R43|I] [R44|I]
   28 mul [R44|I] [R42|I] [R44|I]
   30 move [R42|I] [R45|I]
   32 sub [R45|I] [int:1|I] [R45|I]
   34 move [R44|I] [R43|I]
   36 move [R45|I] [R42|I]
   38 safepoint [bci:14]
   40 branch [AL] [B3]
```

当 build_interval 工作时，它会用该基本块的 live_out 集初始化构造值的存活范围。目前基本块 B2 的 live_out 集有 R42 和 R43，初始化它们，如图 8-8 所示。

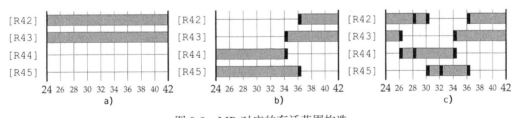

图 8-8　LIR 对应的存活范围构造

图 8-8a 所示为初始化 R42 和 R43。指令 38、40 不影响存活范围。指令 36 会将 R42 的存活范围修改为 [36,42[，同时新增 R45 的存活范围 [24,36[。指令 34 将 R43 的存活范围修改为 [34,42[，同时新增 R44 的存活范围 [24,36[。当这一步完成后，存活范围如图 8-8b 所示。随后指令 32 将 R45 的存活范围修改为 [32,36[。指令 30 将 R45 的存活范围修改为 [30,36[。指令 28 将 R44 的存活范围修改为 [28,34[，然后为 R42 新增存活范围 [28,30[。指令 26 将 R44 的存活范围修改为 [26,34[，为 R43 新增存活范

围 [24,26[。当一切完成后，存活范围如图 8-8c 所示。深色黑条表示该值在该处使用（use_position）。

构造存活范围的核心思想是首先用 live_out 集初始化存活范围，接着从基本块最后一条指令出发向上遍历，然后根据指令输入、输出临时修改存活范围，具体实现如代码清单 8-21 所示。

代码清单 8-21　build_interval 的实现

```
void LinearScan::build_intervals() {
    ...
    // 反向遍历所有基本块
    for (i = block_count() - 1; i >= 0; i--) {
        ...
        // 由下至上遍历基本块的所有指令
        for (int j = instructions->length() - 1; j >= 1; j--) {
            ...
            // 访问指令的输出操作数
            int k, n;
            n = visitor.opr_count(LIR_OpVisitState::outputMode);
            for (k = 0; k < n; k++) {
                LIR_Opr opr=visitor.opr_at(LIR_OpVisitState::outputMode, k);
                // 将存活范围的起点修改为当前位置
                add_def(opr, op_id, use_kind_of_output_operand(op, opr));
            }
            // 访问指令的临时操作数
            n = visitor.opr_count(LIR_OpVisitState::tempMode);
            for (k = 0; k < n; k++) {
                LIR_Opr opr = visitor.opr_at(LIR_OpVisitState::tempMode, k);
                // 添加新的存活范围为 [cur,cur+2]
                add_temp(opr, op_id, mustHaveRegister);
            }
            // 访问指令的输入操作数
            n = visitor.opr_count(LIR_OpVisitState::inputMode);
            for (k = 0; k < n; k++) {
                LIR_Opr opr = visitor.opr_at(LIR_OpVisitState::inputMode, k);
                // 添加新的存活范围为 [block_start,cur[
                add_use(opr, block_from, op_id, use_kind_of_input(op, opr));
            }
            ...
        }
    }
    ...
}
```

最后，allocate_register 会根据之前得到的存活范围将虚拟寄存器映射到物理寄存器。线性扫描寄存器分配能得到近似图着色寄存器分配的效果且只需线性时间复杂度，这也是 C1 选择它的主要原因。

8.5　本章小结

8.1 节描述了解释器到 C1 编译器的调用栈以及 C1 编译的主要流程，即字节码到 HIR，再到 LIR，最后生成机器代码的过程。其中，8.2 节描述了字节码到 HIR 的实现。8.3 节描述了 C1 中比较复杂的代码优化过程，基本涵盖了 HIR 的所有优化操作。8.4 节描述了从 HIR 到 LIR 的生成过程，由于 LIR 到机器代码大部分是线性映射过程，所以不再赘述。

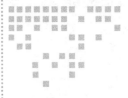

C2 编译器

C2 编译器即 Op to Compiler，又叫 Server Compiler，它的定位与 C1 相反：C1 面向客户端程序，需要快速响应用户请求；C2 面向长期运行的服务端程序，它允许在编译上花更多时间，以此换取程序峰值执行性能。本章将详细讨论大名鼎鼎的 C2 编译器（后面简称 C2 ）。

9.1 编译流程

本节从源码出发，简单介绍 C2 的中间表示和编译流程。后续小节将详细描述这些过程。

9.1.1 进入 C2

当解释器发现热点方法时会调用 CompilerBroker::comple_method() 向编译任务队列投递一个编译任务（CompileTask），然后 C2 编译器线程会在发现任务队列有编译任务时唤醒，拉取编译任务并进入 JIT 编译器。目光转向 C2 编译线程（C2 CompilerThread），它最开始阻塞在编译任务队列，在发现编译任务后唤醒，接着经过如代码清单 9-1 所示的调用链后开始编译：

代码清单 9-1　C2 调用链

```
JavaThread::thread_main_entry()
-> compiler_thread_entry()
   -> CompilerBroker::compiler_thread_loop()
      -> CompileBroker::invoke_compiler_on_method() // 使用 C2
         -> C2Compiler::compile_method()            // 进入 C2 世界
            -> Compile::Compile()                    // 代码编译
```

　　C2 的完整编译周期等价于 Compile 对象的生命周期。读者可能发现这个过程和 C1 几乎一样，因为虚拟机创建编译任务时已经设置了该任务用哪个编译器编译，这时的 CompileBroker::invoke_compiler_on_method 只需根据编译任务中指定的编译器进行编译即可。

　　上一章提到，C1 是在 Compilation 对象构造中完成编译，类似的，C2 也在 Compile 对象构造过程中完成编译，只是它更为复杂。C2 编译器也会对编译过程中的每个小阶段做性能计时，根据编译器阶段计时同样可以得到完整的 C2 编译过程，如代码清单 9-2 所示：

代码清单 9-2　C2 编译详细流程

```
enum PhaseTraceId {
_t_parser,              // 1．字节码解析与理想图生成
_t_optimizer,           // 2．机器无关优化
  ...
_t_matcher,             // 3．指令选择
_t_scheduler,           // 4．指令调度和全局代码提出
_t_registerAllocation,  // 5．寄存器分配
  ...
_t_blockOrdering,       // 6．移除空基本块
_t_peephole,            // 7．窥孔优化
_t_postalloc_expand,
_t_output,              // 8．生成机器代码
  ...
_t_registerMethod,      // 9．用编译生成的方法代替 Java 方法
_t_tec,
max_phase_timers
};
```

　　总地来说，C2 的编译流程如下：**解析字节码，构造理想图→机器无关优化→代码生成**（指令选择、全局代码提出、指令调度、寄存器分配、窥孔优化、生成机器代码）**→设置编译代码。**

常言道，纸上得来终觉浅，要知此事须躬行。由于 C2 代码量大，且构造复杂，本书不试图面面俱到地讨论上述过程的所有细节，而是希望简单讨论其中几个部分，为读者的躬行做前景提要，扮演一个源码阅读索引的角色。

9.1.2 理想图

几乎所有优化编译器后端的第一步都是生成 IR。C1 的第一步是解析字节码生成基于静态单赋值的 HIR，C2 的第一步也不例外，它解析字节码生成理想图（Ideal Graph）。理想图有很多叫法，如节点海（Sea of Node）、程序依赖图（Program Dependence Graph）、受限静态单赋值（Gated Single Static Assignment）等。本书主要使用 Ideal 图和理想图两种叫法。

理想图是一个有向图，它由节点和边构成。节点表示程序的行为，如 AddLNode 节点表示对两个 long 数据做加法。节点的输入边是有序的，这意味着输入边的顺序具有明确的意义，比如节点的第一条输入边通常表示控制流。但是节点的输出边是无序的，对于输出多个值的节点，这样可能导致不知道哪条边表示哪个值的问题，本章后面将讨论这个问题。

理想图的边表示控制流和数据流，边的实现是一个指针，这使得边显式地包含了 Use-Def 信息（从使用值的节点指向可能定义值的节点），编译器分析和优化可以直接使用这些信息而不需要再次计算，当对理想图变形时也可以直接修改 Use-Def 信息而不需要先修改 IR 再计算 Use-Def，如代码清单 9-3 所示：

代码清单 9-3　简单方法

```
public static int justReturn(int x){
    return x;
}
```

为了对理想图有一个直观的认识，可以试着可视化它。使用如下 JVM 参数：

❏ -XX:-TieredCompilation：关闭分层编译只使用 C2。

❏ -XX:+PrintIdeal：输出 Ideal 日志。

❏ -XX:PrintIdealGraphFile=ideal.xml：将理想图存储到 ideal.xml 文件。

❏ -XX:PrintIdealGraphLevel=1：选择输出理想图的展示细节度（4 最详细）。

❏ -XX:CompileCommand=compileonly,*DummyMethod.justReturn：只编译 justReturn。

使用 idealgraphvisualizer 打开生成的 ideal.xml，会看到如图 9-1 所示的效果。

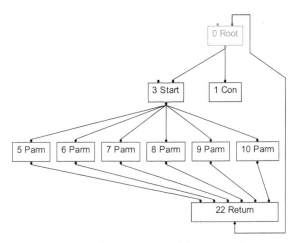

图 9-1　代码清单 9-3 对应的理想图

根据代码清单 9-3 的 Java 代码，直观上可能会觉得 return 节点只接收一个值 x，然后输出一个值，但是理想图有 6 条输入边，因为一个函数除了参数和返回值外还可能产生副作用，比如可能修改 I/O、修改内存，所以理想图会记录这些信息。

图 9-1 的 Parm#5 表示 control 输入，Parm#6 表示 I/O 输入，Parm#7 表示内存输入，Parm#8 表示 frame 指针输入，Parm#9 表示返回值，Parm#10 才是函数的实参。control 输入表示控制依赖。控制依赖是指某个计算 expr1 的执行依赖于带有控制流语意的 expr0，如 if 语句，只有当 expr0 成立时才计算 expr1。假如 expr1=a+b，expr0 表示 if(cond)，虽然 expr1 控制依赖 expr0，但是它的计算其实不依赖 expr0 的结果，只要 a 和 b 计算完成就可以计算 expr1，在这种情况下，只要 a 和 b 的计算没有副作用，它也可以表现出只具有数据依赖。理想图又叫节点海的原因是，它允许节点不受控制流约束固定在某个位置，而是可以浮动，且这些节点可以只依赖数据，不依赖控制流漂浮起来。

由于理想图过于庞大，即使如代码清单 9-3 一样简单的 Java 程序也可能膨胀出图 9-1 那样大量的节点，所以本章使用的所有理想图都是省略细节只留下必要信息的消减后的图，本章将使用"节点名 # 节点编号"的方式引用理想图中的某个具体的节点。

1. If 节点和 Projection 节点

使用单层结构的理想图代替传统的基本块处理控制流（层 1）与 SSA 指令处理数

据流（层 2），两层结构需要处理一些问题，分支跳转便是其一，如代码清单 9-4 所示：

代码清单 9-4　分支跳转

```
public static int branchIf(int x){
    if(x<1000) { return 12; } else { return 13+x; }
}
```

它的理想图如图 9-2 所示，简单的 if 判断也会产生较为复杂的理想图。

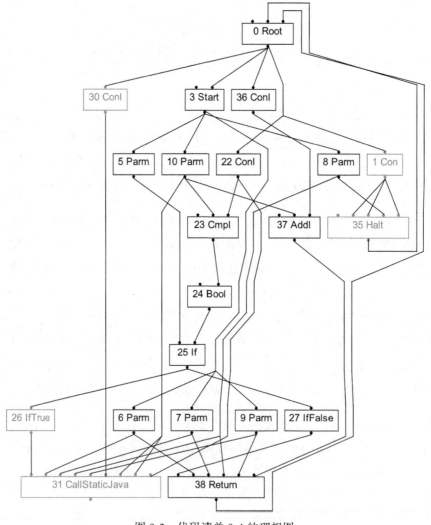

图 9-2　代码清单 9-4 的理想图

　　节点通常会产出一条输出边，但是有些节点也会产生很多输出，比如 If#25 节点会输出表示成功的 control 值和失败的 control 值。这样就会出现问题：理想图的节点只有输入边是有序的，而输出边是无序的，无序的输出不能告诉后续节点哪条边是 true，哪条是 false。一个解决办法是让边附加一些信息，如加一个标签。具体到实现上，C2 的做法是额外插入一个 Projection 节点来表示这些信息，此时 Projection 相当于标签。

　　在图 9-2 中，If#25 节点接收一个 control 输入和一个 predicate 值，根据 predicate 值选择将 control 值传递到 IfTrue 分支或者 IfFalse 分支。IfTrue 与 IfFalse 都属于 Projection 节点。Projection 节点没有运行时开销，它只是简化了理想图的实现，使边不需要携带信息。

　　值得注意的是，理想图里面有个 CallStaticJava 函数，但是代码里面没有调用 Java 方法，这是 C2 插入的 Uncommon trap。If 节点用 prob 值表示分支为 true 的可能性，在上例中，根据运行时搜集到的信息，C2 认为分支为 true 的可能性为 0，除非 $x<1000$ 会触发 Uncommon trap，否则它会乐观地认为 x 的值大于等于 1000。

2. Region 节点和 Phi 节点

　　除了特殊的 Projection 节点外，还有代替基本块的 Region 节点和为 SSA 准备的 Phi 节点。如代码清单 9-5 所示：

代码清单 9-5　"二选一"值

```
public static int phi(int x){
    int result = 0;
    if(x<12345){
        int t = 12;
        return t + result +1;
    }else{
        int q = result;
        return q * 2;
    }
}
```

它的理想图如图 9-3 所示。

　　传统的 IR 使用基本块构成有向图处理控制流，理想图使用 Region 节点代替基本块。Region 节点可以接收多个 control 值的输入，然后产生一个合并后的 control 输出。其他普通节点可以接收一个 control 输入（通常是第一个输入），表示该节点属于哪个基本块。之前所见到的很多节点并没有 control 输入，这暗示 control 输入并不是必需的，移除 control 输入会使很多全局优化得以进行，但是也会造成一些额外麻烦或者致使优化不可能完成。

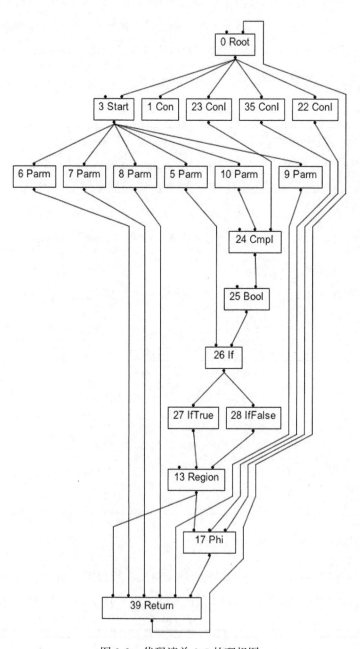

图 9-3　代码清单 9-5 的理想图

有了以上认识，回到图 9-3，Region#13 节点的第二个和第三个输入表示 IfTrue 传递的 control 值和 IfFalse 传递的 control 值，输出合并后的 control 值相当于从 true 和 false 选择一个。Region#13 节点的第一个输入不是 control 值而是自己引用自己，所以图中没有边流入（这也佐证了节点的第一条 control 输入是可选的）。Region 作为基本块的替代品可以处理控制流的合并，对于数据流的合并需要用到 Phi 节点。Phi#17 节点的第一个输入是 control，其他是数据输入，在图 9-3 中它根据 Region 节点输出的 control 选择一个合适的数据输入，如果是 IfTrue 则选择节点 35，如果是 IfFalse 则选择节点 22。

3. MergeMem 节点

理想图将内存状态看作整体，对象字段读写操作实际上是对这个整体其中的一个指定内存切片进行操作，并可能产生新的内存切片。代码清单 9-6 即对象字段赋值的代码示例：

代码清单 9-6　字段赋值

```
public class MemNode{
    private static int a, b;

    public static void assign(int val1, int val2){
        a = val1;
        b = a + 1;
    }
}
```

它的理想图如图 9-4 所示。StoreI 节点有四个输入，第一个表示 control 输入，第二个表示内存状态输入，第三个表示内存地址输入，第四个表示要写入字段的值。具体来说，Parm#5 是 control 输入，Parm#7 表示初始的内存状态，AddP#24 计算 this 指针 + 字段偏移得到的字段的内存地址，最后 Parm#10 表示参数。这些内容会全部输入 StoreI#25 节点，并将 val1 赋值给字段 a，赋值后 StoreI#25 会产生一个新的内存切片，然后作为内存状态输入 StoreI#30 节点为 b 赋值。

StoreI#25 和 StoreI#30 都依赖 control 输入 Parm#5，这说明控制流允许对它们进行重排序的，但是用 a 赋值产生的内存切片作为内存状态输入 b 的赋值就意味着 a 和 b 存在内存依赖，a 的赋值必须先于 b 发生，即 StoreI#25 节点必须先于节点 StoreI#30 发生。Return#32 节点需要合并所有内存切片作为输入，要做到这一点，可以添

加 MergeMem#16 节点收集所有内存切片，然后再将单个内存状态输出到 Return#32
节点。

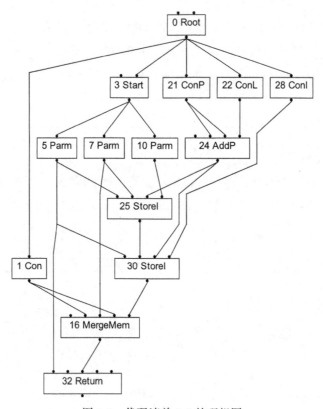

图 9-4　代码清单 9-6 的理想图

9.1.3　理想图流程概述

通过前文代码清单 9-2 的 PhaseTraceId 可以看到，C2 编译始于将字节码转化为理
想图，这一步发生于 Parse::Parse()，如代码清单 9-7 所示：

代码清单 9-7　字节码转化为理想图

```
Parse::Parse(...) {
    ...
    // 导入 ciTypeFlow 分析的结果，ciTypeFlow 会识别基本块，找出循环
    init_blocks();
    // 构建正常和异常退出节点
    build_exits();
    // 初始化 JVM state map.
```

```
SafePointNode* entry_map = create_entry_map();
...
// 假装是通过一个 jump 指令跳转到方法的起始位置开始解析
Block* entry_block = start_block();
set_map_clone(entry_map);
merge_common(entry_block, entry_block->next_path_num());

// 遍历所有基本块的每一条字节码
do_all_blocks();
C->set_default_node_notes(caller_nn);
// 修正退出节点
set_map(entry_map);
do_exits();
}
```

在解析阶段，init_blocks() 会调用 ciMethod::get_flow_analysis() 获取类型流数据，该方法会在第一次被调用的时候执行类型流。类型流分析由 ci/ciTypeFlow 完成，它会将字节码分块形成基本块（ciTypeFlow::df_flow_types）并识别循环（ciTypeFlow::Loop）。

接着 C2 调用 do_all_blocks() 逐个解析基本块中的 Java 字节码，并将字节码转化为理想图的节点。每当创建一个节点，C2 会对这个节点应用 PhaseGVN::transform 做一些局部优化工作：第一个优化是 Ideal，第二个优化是 Identity，第三个优化是 GVN（全局值编号）。

当一切完成后，C2 会调用 do_exits() 修正退出节点。do_exists() 主要处理 final 字段的问题。Java 的 final 字段和普通字段的语意有很大不同，如代码清单 9-8 所示：

代码清单 9-8　final 字段与非 final 字段[⊖]

```
class FinalFieldExample {
    final int x;
    int y;
    static FinalFieldExample f;
    public FinalFieldExample() {
        x = 3;
        y = 4;
    }

    static void writer() {
        f = new FinalFieldExample();
```

⊖　本示例来自《Java 语言规范》17.5 节。

```
    }

    static void reader() {
        if (f != null) {
            int i = f.x;   // 保证值为 3
            int j = f.y;   // 值可能为 0
        }
    }
}
```

x 是 final 字段，虚拟机保证对象构造完毕时它的值一定是对其他线程可见的，但是在普通字段的对象引用不为 null 后，其他线程看到的可能是未构造完成的对象状态。所以当一个线程执行 writer() 并设置了 f 字段后，另一个线程很可能在调用 reader() 时看到 y 的初始值，而 final 字段 x 不存在这个问题。造成这种问题的根本原因是指令重排序，如代码清单 9-9 所示：

代码清单 9-9　构造函数指令重排伪代码

```
// 正常代码
tmp = FinalFieldExample::FinalFieldExample();
tmp.x = 3;
tmp.y = 4;
f = tmp;
// 指令重排序
tmp = FinalFieldExample::FinalFieldExample();
tmp.x = 3;
f = tmp;
mem_bar() // StoreStore 屏障
tmp.y = 4;
```

上述解释和示例都是合乎逻辑的，在 HotSpot VM 中解释器的确会在 final 字段后插入 mem_bar()，其效果类似代码清单 9-9 的指令重排序，但是这在 C1 和 C2 编译器中并不完全正确。C2 关于 final 字段的处理如代码清单 9-10 所示：

代码清单 9-10　do_exits() 具体实现

```
void Parse::do_exits() {
    ...
    // 如果构造函数存在一个 final 字段的赋值
    // 或者 PPC64 架构上的构造函数存在一个 volatile 写（特殊处理）
    // 或者开启了 -XX:+AlwaysSafeConstructors，那么退出节点新增内存屏障
    if (method()->is_initializer() &&
        (wrote_final()||PPC64_ONLY(wrote_volatile()||
        (AlwaysSafeConstructors && wrote_fields())))) {
```

```
    _exits.insert_mem_bar(Op_MemBarRelease, alloc_with_final());
    ...
    }
    // 如果任何方法存在一个对 @Stable 字段的赋值操作，那么插入内存屏障
    if (wrote_stable()) {
        _exits.insert_mem_bar(Op_MemBarRelease);
    ...
    }
    ...
}
```

如果构造函数中存在对 final 字段的赋值操作，或者启用了参数 -XX:+AlwaysSafe Constructors，那么 C2 只会在退出节点插入内存屏障而非在 final 字段赋值之后的每个地方插入。这样做的最终效果如代码清单 9-11 所示：

代码清单 9-11　C2 构造函数指令重排序伪代码

```
// C2 指令重排序
tmp = FinalFieldExample::FinalFieldExample();
tmp.y = 4;
tmp.x = 3;
f = tmp;
mem_bar() // StoreStore 屏障
```

@Stable 注解是 JDK 内部使用的注解，它修饰的字段和 final 字段行为类似，都只能赋值一次，且虚拟机都在方法退出节点插入了内存屏障。对于一些行为确定的字段（如 String 的 value）添加 @Stable 字段相当于告知虚拟机该字段是常量，这样可以使编译器发现更多的优化机会。do_exits() 只表示其中一个小细节，do_all_blocks() 才是真正的理想图的构建过程，后面将详细描述。

9.1.4　C2 代码优化

机器无关优化位于 Compile::Optimize()，在这一步，编译器将对理想图做各种变换和优化操作，包括迭代式全局值编号（Iterative Global Value Numbering，IGVN）→内联→消除自动装箱→消除无用节点→逃逸分析（Escape Analysis）→系列循环转换（循环剥离（Loop Peeling）+ 循环展开（Loop Unrolling）+ 向量化（Vectorization）+ 循环预测（Loop Predication）+ 范围检查消除（Range Check Elimination，RCE））→条件常量传播（Conditional Constant Propagation，CCP）→ IGVN →系列循环转换→宏展开（Macro Expand）→屏障展开→最终理想图变形。

迭代式全局值编号位于 PhaseIterGVN，它有一个工作集，每次从工作集获取一个节点，然后对该节点反复应用 Ideal 优化，如果节点发生改变，那么再次加入工作集，如此反复，直到工作集没有节点，即没有节点可以再次优化时停止，这种算法又叫不动点迭代。IGVN 是一个轻量级优化，因为后续优化可能会使节点变形，而节点又可能产生更多的优化机会，所以后续一些优化完成后会反复应用 IGVN 以发现更多优化机会。

在 Java 代码中的 Integer i = 8 会被 javac 编译器自动转换为 Integer i = Integer.valueOf(8)，这便是自动装箱（Auto-Boxing）。虚拟机实际上是执行了一个 Integer.valueOf() 调用，如果开启 -XX:+EliminateAutoBox，那么 C2 编译器会尝试消除自动装箱调用。

参数 -XX:+DoEscapeAnalysis 的开启允许虚拟机执行逃逸分析。逃逸分析具体位于 ConnectionGraph::do_analysis，它是 C2 编译器能做的最复杂的分析。逃逸分析会建立一副连接图（Connection Graph）来表示对象和对象引用的可达性关系，然后通过对连接图的分析可以知晓对象是否逃逸出方法（是否可以在方法栈中分配）以及对象是否逃逸出线程（没有其他线程可以访问该对象），并根据分析结果进行标量替换和对象锁消除。

PhaseIdealLoop 的主要步骤是识别循环、构造循环树结构、替换一些循环节点以及系列循环优化。在系列循环优化中，数组填充优化（PhaseIdealLoop::do_intrinsify_fill）会尝试找出数组初始化模式然后将其替换为 intrinsic 桩代码；循环剥离（PhaseIdealLoop::do_peeling）会剥离出第一次循环；循环预测（PhaseIdealLoop::loop_predication_impl）会在循环前检查每次循环都检查的条件，失败则进入 Uncommon trap，成功则进入循环；循环展开（PhaseIdealLoop::do_unroll）可以将循环全部或者部分展开，一个常见场景是将循环赋值展开成多个赋值语句。

循环展开一方面为后续优化（如 strength reduce，instruction scheduling，vectorization）提供更大的优化窗口，减少循环依赖，提高指令级并行效率，但是另一方面会增大程序大小，使指令缓冲更容易填满，导致其他有用指令刷出，性能反而下降，所以不能无条件地使用循环展开。现代编译器 GCC 的 -Ox 优化选项默认关闭循环优化，使用时，需要 -funroll-loops 显式开启。C2 的循环展开则通常是配合向量化一起进行。向量化会用 SIMD 指令代替数组初始化、数组赋值等操作，在 C2 中向量化的实现位于 opto/superword，可以使用 -XX:+UseSuperWord 开启。

条件常量传播位于 PhaseCCP，它执行普通条件传播优化，同时发现 if 语句的条件为常量后可以消除 if 语句的死代码。

宏展开将数组备份、对象分配和加锁解锁等节点展开成一个优化版本的 Fast/Slow 形式，使得 System.arraycopy、Arrays.copyOf 等调用可以高效进行。

最终理想图变形是机器无关优化的最后一步，位于 Compile::final_graph_reshaping()。在这一步，编译器会尝试发现无限循环，由于在代码生成阶段很多算法不能很好地处理无限循环，所以在优化阶段发现它们后，C2 编译器会执行编译逃离（Compilation Bailout），而不再继续代码生成。编译逃离大概是所有术语中最容易理解的，它表示编译器在遇到了困难，例如待编译的方法过于复杂，或者编译器自身出现问题等无法继续编译的情况时可以拒绝编译。

9.1.5　代码生成流程

在应用了一系列优化后，理想图仍然还是机器相关的一种 IR。代码生成阶段会将理想图转化为更加机器相关的形式，直到最终生成机器代码。代码生成通常是优化编译器的最后一步[⊖]。C2 在 Compile::Code_Gen 中实现了代码生成，如代码清单 9-12 所示：

代码清单 9-12　Compile::Code_Gen

```
void Compile::Code_Gen() {
    ... /* 省略失败检查和日志记录 */
    // 指令选择
    {
        TracePhase tp("matcher", &timers[_t_matcher]);
        matcher.match();
    }
    // 全局代码提出
    PhaseCFG cfg(node_arena(), root(), matcher);
    {
        TracePhase tp("scheduler", &timers[_t_scheduler]);
        cfg.do_global_code_motion();
    }
    // 寄存器分配
```

⊖　广义上的代码生成是指编译器整个后端的工作，包括指令选择、指令调度、寄存器分配等，狭义的代码生成只是指从 IR 生成机器代码这一步。

```
PhaseChaitin regalloc(unique(), cfg, matcher, false);
_regalloc = &regalloc;
{
    TracePhase tp("regalloc", &timers[_t_registerAllocation]);
    _regalloc->Register_Allocate();
}
...
// 窥孔优化
if( OptoPeephole ) {
    TracePhase tp("peephole", &timers[_t_peephole]);
    PhasePeephole peep( _regalloc, cfg);
    peep.do_transform();
}
// 特殊节点展开
if (Matcher::require_postalloc_expand) {
    TracePhase tp("postallocexpand",&timers[_t_postalloc_expand]);
    cfg.postalloc_expand(_regalloc);
}
// 生成机器代码
{
    TraceTime tp("output", &timers[_t_output], CITime);
    Output();
}
}
```

该阶段主要包括指令选择、全局代码提出、寄存器分配、窥孔优化。指令选择（Instruction Selection）使用 BURS 技术将机器无关指令翻译成机器相关指令。

9.1.6　设置机器代码

C1 和 C2 都遗留了一个未决问题：生成机器代码后如何替换原始的解释执行代码？这个问题可以通过调用如代码清单 9-13 所示的 ciEnv::register_method() 解决。ciEnv::register_method() 不属于 C2 编译器编译范畴，但是对于虚拟机比较重要，毕竟，虚拟机使用即时编译器的目的是希望产出更高运行时性能的代码而不只是希望看到编译器的逻辑复杂和精湛构造。

代码清单 9-13　设置机器代码

```
void ciEnv::register_method(...) {
    { ...
        // 创建 nmethod
        nm = nmethod::new_nmethod(...);
        // 清空 code buffer
        code_buffer->free_blob();
```

```
        if (nm != NULL) {
            ...
            // 普通编译和 OSR 编译使用不同的方法设置机器代码
            if (entry_bci == InvocationEntryBci) {
                method->set_code(method, nm);
            } else {
                method->method_holder()->add_osr_nmethod(nm);
            }
            nm->make_in_use();
        }
    } ...
}
```

nmethod 是存放在 Code Cache 中表示经过 JIT 编译后的 Java 方法。第 2 章提到过 Method::set_code()，它将设置编译器、解释器等入口地址，由虚拟机跳转到编译器入口执行编译后的代码，如果发生退优化，则再次跳转到解释器执行。

9.2　构造理想图

类似于 C1 从字节码构造 HIR，由字节码构造理想图也是一个抽象解释过程。它经过如代码清单 9-14 的调用链：

代码清单 9-14　理想图构造

```
Parse::Parse()
    -> Parse::do_all_blocks()
        -> Parse::do_one_block()
            -> Parse::do_one_bytecode()
```

do_one_bytecode() 是一个巨大的 switch 语句，它会对基本块中的每一条字节码进行解释执行。字节码的抽象层次有高有低，不能一概而论。如 iload_0 加载局部变量到操作数栈，这个字节码不会创造理想图节点，但 iadd 加法操作会创造理想图节点。do_one_bytecode 会将解释状态存放到 JVMState 中，该对象包含局部变量表和操作数栈等状态。最后 JVMState 实际位于 SafepointNode，因为每一个字节码都是安全点，所以整个理想图构造过程都围绕该节点进行。

9.2.1　构造示例

为了直观展示理想图的构造，考虑如代码清单 9-15 的 Java 示例，它包含了源码对应的字节码表示：

代码清单 9-15　加法操作

```
public static int add(int val1, int val2){
    int sum = val1+ val2 + 12;
    return sum;
}

// 对应的字节码
0: iload_0
1: iload_1
2: iadd
3: bipush      12
5: iadd
6: istore_2
7: iload_2
8: ireturn
```

使用 -XX:+PrintIdealGraphLevel=4 可以输出理想图构造的详细过程。执行完 "iload_0,iload_1" 后，理想图的子图如图 9-5 所示。

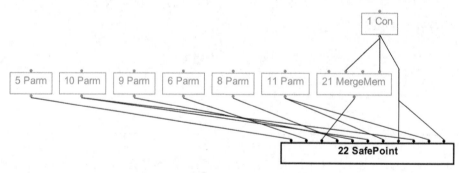

图 9-5　"iload_0,iload_1" 对应的理想图

Parm#10 和 Parm#11 分别表示 add 的参数 val1 和 val2。iload_0 和 iload_1 不创建新节点，它们只是将 Parm#10 和 Parm#11 设置为 SafePoint#22 的输入。执行完 iadd 后的理想图如 9-6 所示。

iadd 创建了 AddINode 节点，它将 Parm#10 和 Parm#11 作为输入，相加后得到结果并输出到 SafePoint#22。SafePoint#22 的 JVMState 包含操作数栈，只有它能存储状态。下一步 bipush 字节码执行完的理想图如图 9-7 所示。

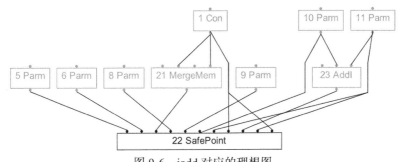

图 9-6　iadd 对应的理想图

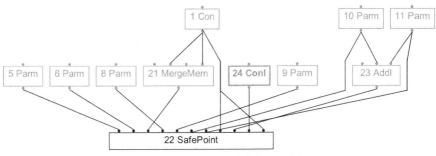

图 9-7　bipush 12 对应的理想图

bipush 创建了 ConI#24，表示常量 12，同样设置为 SafePoint#22 的输入。第二个 iadd 执行完的理想图如图 9-8 所示。

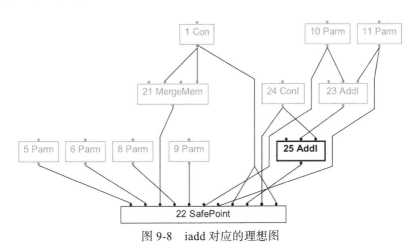

图 9-8　iadd 对应的理想图

第一个加法 AddI#23 作为一个输入，表示常量 12 的节点 ConI#24 作为第二个输入，二者均流入第二个加法 AddI#25，并将结果输出到 SafePoint#22。接下来执行

istore_2，iload_2，不创建节点，只是修改 SafePoint#22 的状态。当遇到 ireturn 字节码时，理想图会调整边，如图 9-9 所示。

Parm#5 表示 control 值，即控制流输入，Region#14 节点接收多个 control 输入，然后选择一个作为输出，此处 Region#14 只有 Parm#5 一个 control 输入，配合只有一个输入的 Phi#18，最终输出到 SafePoint#13。C2 会调用 GraphKit::stop_and_kill_map 将之前的 SafePoint#22 标记为死节点，并不再使用。do_one_bytecode() 遇到 ireturn 时只是设置控制流走向，ReturnNode 的创建实际是在解析完毕后的 Compile::return_values 中实现，解析阶段最终生成的理想图如图 9-10 所示。

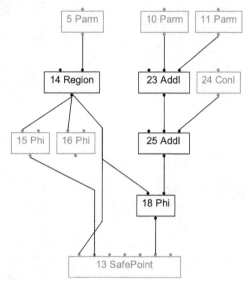

图 9-9　ireturn 对应的理想图

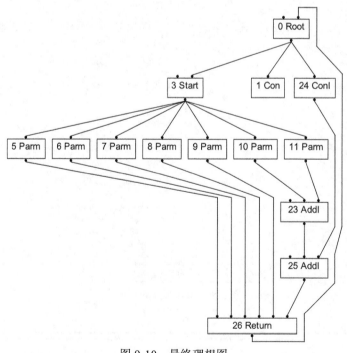

图 9-10　最终理想图

上述过程遗漏了一个重要内容，每当解析阶段向理想图插入新生成的节点时，它会对新插入的节点调用 PhaseGVN::transform，该函数会应用一系列优化技术，包括 Identity、Ideal 和 GVN，使得每个节点最优，继而使理想图局部最优。

9.2.2　Identity、Ideal、GVN

理想图的节点由 opto/node 的 Node 类表示，Node 类有三个虚函数，如代码清单 9-16 所示：

代码清单 9-16　C2 Node 类

```
class Node{
protected:
    Node **_in;         // 输入边数组
    Node **_out;        // 输出边数组
    node_idx_t _cnt;    // 要求的输入边大小
    node_idx_t _max;    // 真实的输入变大小
    node_idx_t _outcnt; // 输出边大小
    node_idx_t _outmax; // 真实的输出边大小
public:
    virtual Node* Identity(PhaseGVN* phase);
    virtual Node *Ideal(PhaseGVN *phase, bool can_reshape);
    ...
};
```

Node 的两个虚函数分别对应 Identity 和 Ideal 优化。Identity 寻找与当前节点计算结果相同的其他节点，并用其代替当前节点，与 GVN 不同的是，替换当前节点的其他节点可以是不同类型的。AddNode 的 Identity 如代码清单 9-17 所示，它清晰地阐述了 Identity 的概念：

代码清单 9-17　AddNode::Identity

```
Node* AddNode::Identity(PhaseGVN* phase) {
    const Type *zero = add_id();
    if(phase->type(in(1))->higher_equal(zero)) return in(2);
    if(phase->type(in(2))->higher_equal(zero)) return in(1);
    return this;
}
```

AddNode 会判断两个输入边是否存在一个 0，如果存在则使用另一个输入代替当前节点。也就是说，当前节点的行为是计算 x+0，它会检查第一条输入 x 和第二条输入 0，如果发现第二条输入是 0，则使用第一条输入 x 代替 x+0 这个节点。类似的，

MulNode 的 Identity 如代码清单 9-18 所示：

代码清单 9-18　MulNode::Identity

```
Node* MulNode::Identity(PhaseGVN* phase) {
    const Type *one = mul_id();  // The multiplicative identity
    if(phase->type(in(1))->higher_equal(one)) return in(2);
    if(phase->type(in(2))->higher_equal(one)) return in(1);
    return this;
}
```

如果乘法运算中的乘数或者被乘数为 1，那么使用上一次的计算结果（输入变量）作为当前节点的值，而不再计算当前节点，所以 MulNode::Identity 会将 1*x 优化为 x。

Ideal 表示理想化，它会返回一个比当前节点更"理想"的节点。关于理想化，目前还没有一个统一的定义，不过大致可以认为是方便 C2 后续优化的一种形式。代码清单 9-19 显示了 AddNode 的 Ideal 实现：

代码清单 9-19　AddNode::Ideal

```
Node *AddNode::Ideal(PhaseGVN *phase, bool can_reshape) {
    ...
    // 将 (x+1)+2 转换为 x+(1+2)
    Node *add1 = in(1);
    Node *add2 = in(2);
    if( con_right && t2 != Type::TOP &&                  // 右边输入是常量?
            add1_op == this_op ) {                       // 左边输入是加法?
        const Type *t12 = phase->type( add1->in(2) );    // x+1 的 1
        if(t12->singleton() && t12 != Type::TOP) {       // 左边加法是变量 + 常量?
            Node *x1 = add1->in(1);
            Node *x2 = phase->makecon( add1->as_Add()->add_ring( t2, t12 ));
            ...
            set_req(2,x2); // 当前节点第二个输入设置为 3
            set_req(1,x1); // 当前节点第一个输入设置为 x
        }
    }
    // 将 (x+1)+y 转换为 (x+y)+1，将 x+(y+1) 转换为 (x+y)+1，代码与上面类似
    ...
    return progress;
}
```

上面注释提到的将（x+1）+2 转换为 x+（1+2）只是转化的思路，实际上 Ideal 是将（x+1）+2 转换为 x+3，这样使得树状结构层次下降，扁平化了表达式树，同时也做了一个简单的常量折叠优化。

Ideal 也具有规范化的意义，它将常量都放到第二个输入中，相当于选择了一种加法表达式的统一形式，以便后续优化。

Identity 和 Ideal 优化均属于最小的局部优化，如果子类节点有需要可以重写它们。

GVN 是一个全局的优化，它需要除节点本身外其他所有节点的信息，所以不能简单表示为 Node 类的成员函数。GVN 类似于 Identity，它的哈希表存放了当前存在的所有节点，当插入新节点时，GVN 会从哈希表中寻找一个与当前插入节点等价的节点，如果存在，就用找到的节点代替当前插入的节点。与当前插入节点等价意味着节点本身类型以及它们的输入都是相同的，在这种情况下，无须插入新节点，使用等价节点代替即可。

假设处理的代码是（x+1）*（x+1），处理完乘法运算左边后，哈希表存在一个 AddINode 表示 x+1，当处理右边操作数时，由于哈希表已经存在等价节点，直接使用它代替即可，无须插入新节点。MulINode 发现两条输入边是相同元素后，可以应用 Ideal 优化技术将它优化为（x+1）^2 形式。

9.3　机器无关优化

9.3.1　IGVN

C2 的 PhaseIterGVN 实现了 IGVN，它是一个典型的不动点算法。IGVN 每次从工作集获取一个节点，如果节点没有输出边，那么该节点是个死节点，可以安全移除。C2 会递归式地移除死节点的输入边，这一步又可能产生新的死节点。如果节点有输出边，对该节点应用 transform_old 进行变形（transform_old 调用节点的 Ideal、Identity 和 GVN 优化），如果节点变换成功，会将新节点加入工作集。如此反复，直到工作集没有节点，即没有节点可以再次优化。具体优化过程如代码清单 9-20 所示：

代码清单 9-20　IGVN

```
void PhaseIterGVN::optimize() {
    uint loop_count = 0;
    // 从 worklist 获取节点，然后对节点变形。如果发生变化，则将节点再次加入 worklist。
    while( _worklist.size()) {
        // 从 worklist 中获取一个元素
        Node* n = _worklist.pop();
        ...// 特殊情况，这一步的迭代次数超过 C2 限制
        // 如果节点输出边不为空，则进行转换，否则直接移除
```

```
        if (n->outcnt() != 0) {
            // Do the transformation
            Node* nn = transform_old(n);
        } else if (!n->is_top()) {
            remove_dead_node(n);
        }
    }
}
```

由于其他优化对理想图变换后可能产生新的优化机会，且 IGVN 是个轻量级优化，所以 C2 会在很多其他优化的后面插入 IGVN（通常形式是 igvn.optimize()）使优化效果达到最佳。

9.3.2　逃逸分析

Compile::Optimize 阶段会调用 ConnectionGraph::do_analysis 进行逃逸分析。逃逸分析通过建立连接图（Connection Graph，CG）分析对象和对象引用的关系，可以知道对象是否逃逸出方法（即对象是否是该方法的局部变量）以及对象是否逃逸出创建该对象的线程（即其他线程能否访问该对象）。如果对象没有逃逸出方法，则可以在栈上分配而无须在堆上分配。栈分配的性能比堆分配更佳，同时栈上分配减少了对象访问的开销和垃圾回收器的负载。如果对象没有逃逸出线程，那么可以消除对象上可能存在的同步对象锁；如果线程与处理器亲和性较强，可以将对象分配在线程关联的处理器的多级缓存上，提高数据局部性。

逃逸分析的核心是连接图。连接图的节点有对象、对象引用和对象字段三种，边包括表示对象引用 A 指向对象 B 的指向边（P）、表示对象引用指向对象引用的 Deferred 边（D）以及表示对象指向对象字段的字段边（F）。之所以只包含这些元素是因为逃逸分析关注的目标只有对象赋值（T t = new T），引用赋值（T a = t），字段赋值（g.f = a，a=g.h）四种，而这四种刚好可以通过三种节点和四种边的图结构建模，如图 9-11 所示。

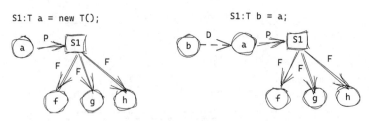

图 9-11　连接图

逸逃分析引入了三种类型格（Type Lattice）：NoEscape (T)、ArgEscape 和 Global Escape (⊥)。NoEscape 表示没有逃逸出创建它的方法，ArgEscape 表示对象作为方法实参逃逸出创建它的方法，GlobalEscape 表示对象完全逃逸出方法和线程。逃逸分析的示例如代码清单 9-21 所示：

代码清单 9-21 逃逸分析 Java 代码示例

```
class ListElement {
    int data;
    ListElement next;
    static ListElement g = null;
    ListElement() {data = 0; next = null;}

    static void L(int p, int q){
S0: ListElement u = new ListElement();
        ListElement t = u;
        while(p > q){
S1:    t.next = new ListElement();
            t.data = q++;
            t = t.next;
        }
S2: ListElement v = new ListElement();
        NewListElement.T(u, v);
    }
}
class NewListElement{
    ListElement org;
    NewListElement next;
    NewListElement() {org = null; next = null;}

    static void T(ListElement f1, ListElement f2){
S3: NewListElement r = new NewListElement();
        while(f1 != null){
S4:    r.org = f1.next;
S5:    r.next = new NewListElement();
        . . . //做一些计算之类
S6:    r = r.next;
        if(f1.data == 0){
S7:       ListElement.g = f2;
        }
        f1 = f1.next;
        }
    }
}
```

对应的连接图如图 9-12 所示，连接图中的虚线表示 D 边，实线表示 P 边或者 F

边，圆圈表示引用，方框表示对象实体。整个图的最外部虚线方框表示在分析过程中
我们关心的四个程序点：调用方法 L() 前，方法 L() 入口，方法 L() 返回，调用方法
L() 后。虚线圆圈表示每个程序点的连接图状态。

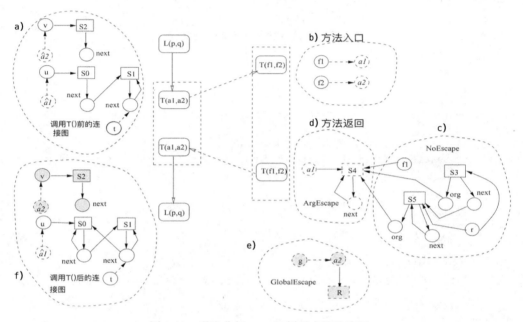

图 9-12　逃逸分析 Java 示例对应的连接图

逃逸分析在调用 NewListElement.T() 前建立连接图，然后进入方法入口。为了便
于分析，这里创建了虚引用节点（Phantom Reference Node）a1 和 a2。接着在方法返回
时用连接图为程序建模，分割出三种逃逸状态的子图：ArgEscape 子图、GlobalEscape
子图（二者取并集又叫 NonLocalGraph），以及 NoEscape 子图（LocalGraph）。

简单观察可知，方法退出的连接图中只存在 LocalGraph 指向 NonLocalGraph 的
边，而没有反向的边，所以 LocalGraph 包含的 S3 和 S5 语句理论上是可以在栈上分
配的。

NonLocalGraph 则作为方法 L 的逃逸分析结果，供后续对相同方法调用时直接使
用，无须再做分析。不过调用者（方法 L）不能直接使用被调用者（方法 T）的逃逸分
析结果，需要经过一个映射过程，即将被调用者的分析结果中的节点和边映射到调用
者的连接图上，如将 ArgEscape 的 a1 映射到图 9-12f 的 a1。将 ArgEscape 的 a1 指向的

s4 映射到图 9-12f 的 s0，将 ArgEscape 的 s4 映射到图 9-12f 的 s1，由于 s4 的 next 指向本身，所以同时为 s1 和 s0 的 next 插入指向本身和对立的边。

9.3.3　向量化

为了支持计算密集的多媒体应用程序，现代处理器在其各自指令集架构中新增了很多 SIMD 指令。SIMD 表示单指令多数据（Single Instruction Multiple Data），它是指将多个数据"打包"到单个专门的寄存器，然后用一条指令完成计算，如图 9-13 所示。

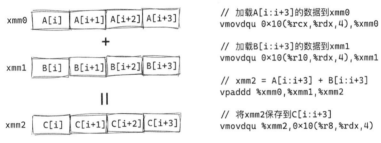

图 9-13　SIMD 示例

使用一条 SIMD 完成了四个整数的加法运算。不同处理器的 SIMD 具体指令集实现各有不同，如 ARM 是 Neon。x86 最初的 SIMD 实现是 SSE 指令集，如图 9-14 所示。

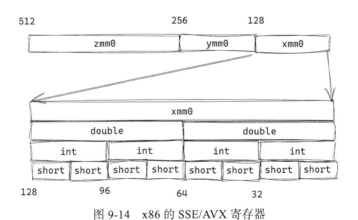

图 9-14　x86 的 SSE/AVX 寄存器

SSE 包含 xmm0 ～ 15，每个 xmm 寄存器可以存放 128 位数据。2011 年发布的 AVX

指令集扩展了 SSE 指令集，支持 256 位的 ymm0 ～ 15 寄存器。2015 年的 AVX512 又扩展了 AVX 指令集，支持 zmm0 ～ 31 寄存器，且单个寄存器达到了惊人的 512 位。

由于免费的硬件性能"午餐"已经结束，人们自然注意到了 SIMD。C2 的 opto/superword 提供了自动向量化优化，可以将满足条件的代码优化为使用 SIMD 指令操作。自动向量化是 C2 系列循环优化之一，是 PhaseIdealLoop 的子过程，由 SuperWord:: transform_loop 完成。transform_loop 对于哪些代码能进行循环向量化有严格要求。简单来说，只对循环展开后的代码进行向量化，而只有计数循环（Counted Loop）能循环展开，所以只有循环展开的计数循环能向量化。所谓计数循环是指步长是常量，终止条件是循环不变量，且只有一条退出路径的循环，如代码清单 9-22 所示：

代码清单 9-22　计数循环

```
public static void vecSum(int[] a, int[] b, int[] c){
    for(int i = 0; i < 25; i++){
        c[u] = a[i] + b[i];
    }
}
```

循环终止条件 25 是循环不变量（在循环期间不会改变的值，也可以不是常量），步长是常量 1，最终产出的部分代码如代码清单 9-23 所示：

代码清单 9-23　向量化

```
    ...
B12:
    vmovdqu XMM0,[RDX + #16 + R9 << #2]        !xmm0=b[i:i+3]
    vpaddd  XMM0,XMM0,[RBX + #16 + R9 << #2]   !xmm0+=a[i:i+3]
    vmovdqu [RDI + #16 + R9 << #2],XMM0        !c[i:i+3]=xmm0
    vmovdqu XMM0,[RDX + #48 + R9 << #2]        !xmm0=b[i+4:i+7]
    vpaddd  XMM0,XMM0,[RBX + #48 + R9 << #2]   !xmm0+=a[i+4:i+7]
    vmovdqu [RDI + #48 + R9 << #2],XMM0        !c[i+4:i+7]=xmm0
    addl    R9, #16
    cmpl    R9, #18
    jge,s   B18
    ...
```

实际上向量化将循环分为 pre-loop、main-loop、post-loop 三个阶段，将单个循环展开成三个循环阶段，代码清单 9-36 展示的是 main-loop，它两次使用 vpadd 指令，相当于一次对 16 个元素相加。

9.4　代码生成

9.4.1　指令选择

Code_Gen 中的 Matcher::match 表示 C2 的指令选择过程。Matcher::match 使用 BURS 算法，而 BURS 要求匹配的 IR 是树的形式，因此指令选择的第一步是将理想图转换为树，然后再进行匹配。图 9-15 展示了整数加法节点 AddI 的指令选择的匹配过程。

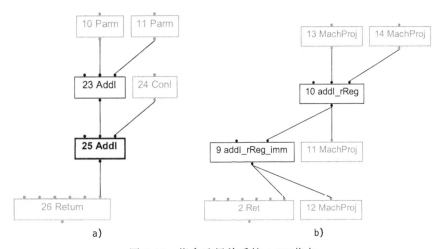

图 9-15　指令选择前后的 AddI 节点

图 9-15a 为指令选择前的理想图，对应 Java 代码的 p1+p2+12，其中 p1、p2 表示方法参数。在指令选择阶段，C2 在 x86_64.ad 中寻找匹配的树规则，如代码清单 9-24 所示：

代码清单 9-24　x86_64.ad

```
instruct addI_rReg(rRegI dst, rRegI src, rFlagsReg cr) %{
    match(Set dst (AddI dst src));
    effect(KILL cr);
    format %{ "addl    $dst, $src\t# int" %}
    opcode(0x03);
    ins_encode(REX_reg_reg(dst, src), OpcP, reg_reg(dst, src));
    ins_pipe(ialu_reg_reg);
%}

instruct addI_rReg_imm(rRegI dst, immI src, rFlagsReg cr) %{
```

```
match(Set dst (AddI dst src));
effect(KILL cr);
format %{ "addl    $dst, $src\t# int" %}
opcode(0x81, 0x00);
ins_encode(OpcSErm(dst, src), Con8or32(src));
ins_pipe( ialu_reg );
%}
```

instruct 定义新的 MachNode，match 行表示树匹配规则。首先 AddI#23 节点作为根进行匹配，它的模式（AddI#23 Parm#10 Parm#11）和树规则（Set dst（AddI dst src））成功匹配，AddI#23 被转化为 addI_rReg#10。接下来 AddI#25 节点开始匹配，它的模式（AddI#25 AddI#23 ConI#24）也与（Set dst（AddI dst src））匹配，但是要求 dst 是寄存器，src 是常量（立即数），满足这些要求的只有 addI_rReg_imm，因此 AddI#25 转化为 addI_rReg_imm#9。指令选择最终会将理想图所有节点都转换为机器相关的 MachNode，并在其上应用 GCM 和分配合适的寄存器。

9.4.2 图着色寄存器分配

通过寄存器分配，编译器可以知道在任何程序点，哪些变量可以保留在寄存器，哪些需要溢出到栈上，可见，寄存器分配对于最终编译产出的代码性能有决定性的影响。图着色寄存器分配算法是 C2 最复杂的算法之一，它的基本原理是用 K 种颜色为图中的 N 个节点着色，其中相邻节点颜色不能相同。具体到 C2 中，节点表示变量，即虚拟寄存器，颜色表示物理寄存器，相邻节点表示在同一时间存活的变量。由于图着色问题是 NP 完全问题，最优的全局寄存器分配代价太大，所以现实中一般使用启发式算法如 Chaitin-Briggs 方法或者 Callahan Koblenz 方法进行分配，两者最大的区别在于对程序控制流的处理。C2 中使用最为广泛的是 Chaitin-Briggs 方法，代码位于 PhaseChaitin::Register_Allocate，完整过程如图 9-16 所示。由于 PhaseChaitin::Register_Allocate 代码相当复杂，这里只简单介绍图着色算法的思想。

图着色算法涉及四个内容：IR 代码、存活范围（Live Interval）、寄存器干扰图（Register Interference Graph，IFG）、着色图。图着色算法为 IR 代码的每个值分配一个虚拟寄存器，然后通过数据流活跃变量分析，得到每个值的存活范围，并根据存活范围得到一个寄存器干扰图，对 IFG 着色。IFG 是一个无向图，节点表示虚拟寄存器，如果两个节点的虚拟寄存器不能映射到相同的物理寄存器，那么用线将它们连起来表示它们必须同时存活，如图 9-17 所示。

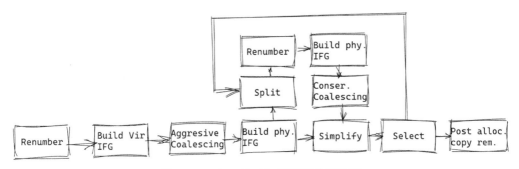

图 9-16　PhaseChaitin 寄存器分配过程

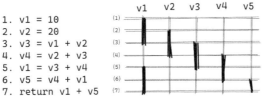

图 9-17　构造存活范围

如图 9-17 所示，图着色算法为 IR 代码的每个值分配一个虚拟寄存器，即 v1 ～ v5。图 9-17 右侧是存活范围，存活范围从值被定义到值最后一次使用组成一个区间，中间的空洞（Hole）表示值被多次定义和使用。以图 9-17 为例，v1 的值在（1）处被定义，在（3）处最后一次使用，在（5）处定义，在（7）处最后一次使用，所以它的存活范围是 1 ～ 3 和 5 ～ 7，中间存在一个空洞。类似的，v2 的值在（2）处被定义，在（4）处最后一次使用，所以它的存活范围是 2 ～ 4。有了所有值的存活范围后，可以计算出寄存器干扰图。根据 IFG 的定义，v1 与 v2、v4、v5 的存活范围有重合，这意味着它们的虚拟寄存器必须同时存活，所以 v1 干扰 v2、v4、v5。类似的，v2 干扰 v3，v3 干扰 v4，最终的 IFG 如图 9-18 所示。

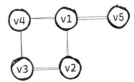

图 9-18　构造寄存器干扰图

现在对 IFG 进行着色。物理寄存器数表示"色"数。假设有 2 个物理寄存器，现在的任务就是将 7 个虚拟寄存器映射到 2 个物理寄存器上，如果不能映射，那么一些值必须溢出（Spill）到内存。着色算法的迭代过程如图 9-19 所示。

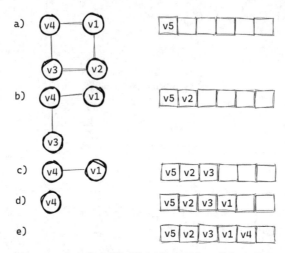

图 9-19　移出寄存器干扰图节点到栈，确保可着色

　　每次从 IFG 上移出一个节点和关联的边，并将节点放入右边的栈。这一步有两条规则：如果一个节点的度（关联的边数）小于物理寄存器数，那么它是可着色的；如果节点的度大于等于物理寄存器数，那么仅当关联的节点没有相连时它们是可着色的。以图 9-19 为例，首先 v5 的度为 1，小于物理寄存器数 2，那么将它移出到栈。接着图 9-19a 中所有节点的度都为 2，不能使用第一条规则，应用第二条规则，与节点 v2 关联的节点 v3 和 v1 没有相互连接，那么 v2 可以着色，移出到栈中，如此反复直到图为空。最后一步会将栈中的节点逐个弹出并为它选择一个颜色，然后重建着色图，结果如图 9-20 所示。

　　在选择颜色时要注意，只能选择一个与节点关联的节点没有使用的颜色，如果没有则虚拟寄存器溢出到内存。以图 9-20 为例，为 v4 选择 r1 作为颜色。v1 关联的 v4 已经使用了 r1，只能使用 r2 作为颜色。v3 关联的 v4 使用了 r1，所以使用 r2 作为颜色。v2 关联的 v3、v1 都使用 r2，所以 v2 使用 r1 作为颜色。v5 关联的 v1 使用了 r1，所以 v5 使用 r2。着色的关键是只需要关心一个节点直接关联的节点所使用的颜色，没有直接关联的节点表示它们位于不同的生命周期，可以复用颜色。着色完成后的效果如图 9-21 所示。

　　C2 使用图着色寄存器分配算法，使用两个物理寄存器就能处理五个值，极大地提升了程序的运行时效率。

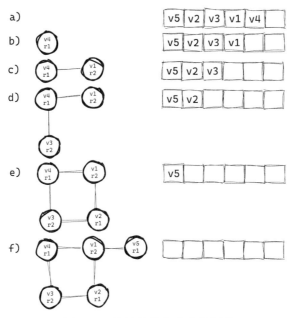

图 9-20　用栈的节点重建着色图

```
1. v1 = 10          1. r2 = 10
2. v2 = 20          2. r1 = 20
3. v3 = v1 + v2     3. r2 = r2 + r1
4. v4 = v2 + v3     4. r1 = r1 + r2
5. v1 = v3 + v4     5. r2 = r2 + r1
6. v5 = v4 + v1     6. r1 = r1 + r2
7. return v1 + v5   7. return r2 + r1
```

图 9-21　最终寄存器分配效果

9.5　本章小结

9.1 节简单概括了 C2 的编译流程，并简要介绍了 C2 的核心数据结构理想图。9.2节描述了编译流程的开始，即理想图的构造过程。9.3 节描述了编译流程的中间优化步骤。最后 9.4 节简单介绍了编译流程的后面部分，也就是核心的代码生成过程。

垃圾回收

垃圾回收是 JDK 开发者社区最活跃的主题，在 -XX:+RunReallyFast 虚拟机参数没有到来之前，了解垃圾回收运行机制和工作原理对于 Java 开发者是很有必要的。本章将从最简单的垃圾回收器开始，逐个介绍垃圾回收器的原理和底层实现。

10.1 垃圾回收基础概述

垃圾回收机制最早诞生于 Lisp 编程语言，但 Lisp 的作者 McCathy 在第一次现场演示 Lisp 时却因中途耗尽全部 32KB 内存以及一些其他原因只能草草收场。60 年后的今天，垃圾回收技术再也不是一个笑话，它俨然成为诸如 Java、C#、Python、Erlang、Golang 编程语言的核心组件。

Java 最吸引人的特性之一就是它的垃圾回收技术：程序员负责创建对象、使用对象，垃圾回收器负责回收资源，做好善后工作。它从 GC Root 出发标记存活对象，清理未被标记的对象，这种方式又被称为追踪式回收。Java 的所有垃圾回收器都使用追踪式回收，只是具体的算法细节不尽相同。本章将讨论 HotSpot VM 中现存的所有垃圾回收器，在这之前，有必要先了解下垃圾回收的一些基础知识。

10.1.1　GC Root

GC Root 又叫根集，它是垃圾回收器扫描存活对象的起始地点。举个简单的例子，如代码清单 10-1 所示：

代码清单 10-1　GC Root 示例

```
public static void test(){
    Struct free = new Struct( "a" );
    Struct obj = new Struct( "b" );
    obj.field1 = new Object();
    obj.field2 = 12;
    System.gc();   // (1)
    free = null;
    System.gc();   // (2)
}
```

假设（1）处成功触发垃圾回收，那么垃圾回收器将不能回收任何对象，因为线程栈上包括 free 和 obj 引用，它们分别指向对象 a 和对象 b。在（2）处调用成功后，垃圾回收器可以回收对象 a 但不能回收对象 b，因为栈上存在指向对象 b 的引用 obj，而指向对象 a 的引用 free 被赋予 null 值，即再没有指向对象 a 的引用，因此对象 a 被视作垃圾，可回收处理。

代码清单 10-1 中的 free 和 obj 所在的线程栈即 GC Root 之一，垃圾回收器以它们为起点找到存活对象：凡是从线程栈出发没有触及的对象就可以被认为是死亡对象，继而可以被回收。除了线程栈外，HotSpot VM 还有一些地方也可以作为 GC Root：

1）所有已加载的类的对象引用（ClassLoaderDataGraph::roots_cld_do）；

2）所有线程栈上的对象引用（Threads::possibly_parallel_oops_do）；

3）虚拟机内部使用的 Java 对象引用（Universe::oops_do,SystemDictionary::oops_do）；

4）JNI Handle（JNIHandles::oops_do）；

5）被 synchronized 锁住的对象引用（ObjectSynchronizer::oops_do）；

6）Java 工具用到的对象引用（Management::oops）；

7）JVMTI 导出对象引用（JvmtiExport::oops_do）；

8）AOT 堆对象引用（AOTLoader::oops）；

9）CodeCache 代码引用（CodeCache::blobs_do）；

10）String 常量池对象引用（StringTable::oops_do）。

10.1.2 安全点

在垃圾回收器的眼中只有垃圾回收线程和修改对象的线程,后者被称为 Mutator 线程。由于垃圾回收线程也需要修改对象,尤其是在垃圾回收过程中可能有移动对象的情况,如果 Mutator 线程在移动对象的同时修改对象,势必会造成错误,因此在垃圾回收时一般需要全过程,或者部分过程暂停 Mutator 线程,这种暂停 Mutator 线程的现象又叫作世界停顿(Stop The World,STW)。一般来说,Mutator 线程可以主动或者被动达到 STW,在 HotSpot VM 中,使用安全点(Safepoint)作为主动 STW 机制。安全点本质上是一页内存,如代码清单 10-2 所示:

代码清单 10-2　安全点创建

```
void SafepointMechanism::default_initialize() {
    if (ThreadLocalHandshakes) {
    ...
    // 分配两页内存,一页用于 bad_page,一页用于 good_page
    char* polling_page = os::reserve_memory(...);
    char* bad_page  = polling_page;
    char* good_page = polling_page + page_size;
    // bad_page 表示这片内存不可读不可写,good_page 表示可读
    os::protect_memory(bad_page,  page_size, os::MEM_PROT_NONE);
    os::protect_memory(good_page, page_size, os::MEM_PROT_READ);
    os::set_polling_page((address)(bad_page));
    ...
} else {
    // 分配一页内存
    char* polling_page = os::reserve_memory(...);
    os::commit_memory_or_exit(...);
    // 将它设置为可读
    os::protect_memory(polling_page, page_size, os::MEM_PROT_READ);
    os::set_polling_page((address)(polling_page));
    }
}
```

虚拟机将"读取安全点内存页"的操作安插在一些合适的地方。当程序没有请求垃圾回收时(实际上除了垃圾回收外,还有其他操作可能会请求安全点),安全点内存页可读,Mutator 线程对安全点的访问不会引发任何问题。当需要垃圾回收时,VMThread 将安全点设置为不可读不可写,然后等待所有 Mutator 线程走到安全点。由于 Mutator 线程访问不可读不可写的内存时会引发异常信号,虚拟机可通过内部的信号处理器捕获并停止 Mutator 线程的执行,这样一来相当于让所有 Mutator 线程主动

停止。

在具体实现中，SafepointSynchronize::begin() 和 SafepointSynchronize::end() 分别表示安全点的开启和关闭，两者之间构成一个安全区域，它们只能被 VMThread 调用。代码清单 10-3 展示了安全点开启的代码实现：

代码清单 10-3　SafepointSynchronize::begin

```
void SafepointSynchronize::begin() {
    ...
    // 设置状态为安全点开启中
    _state               = _synchronizing;
    // 如果使用全局安全点，修改安全点内存页，将其设置为不可读不可写
    // (对应还有如果使用线程握手的处理，这里已省略)
    if (SafepointMechanism::uses_global_page_poll()) {
        Interpreter::notice_safepoints();
        PageArmed = 1 ;
        os::make_polling_page_unreadable();
    }
    ...
    while(still_running > 0) {
        jtiwh.rewind();
        // 对于当前所有运行的线程
        for (; JavaThread *cur = jtiwh.next(); ) {
            // 获取线程状态
            ThreadSafepointState *cur_state = cur->safepoint_state();
            // 如果还在运行
            if (cur_state->is_running()) {
                // 检查线程是不是 suspend 或者其他情况，并处理它
                cur_state->examine_state_of_thread();
                // 再次检查线程是否还在运行
                if (!cur_state->is_running()) {
                    // 如果没有运行，计数减一 (still_running 表示当前还在运行的线程)
                    still_running--;
                }
            }
        }
    } ... // 如果循环太多次，可能会使当前线程暂停
    }
    // VMThread 等待所有线程停下来
    while (_waiting_to_block > 0) {
        ... Safepoint_lock->wait(true, remaining_time / MICROUNITS);
    }
    // 安全点开启成功，设置状态，计数增加
    _safepoint_counter ++;
    _state = _synchronized;
```

```
        OrderAccess::fence();
        ... // 日志记录等
    }
```

VMThread 会等待所有线程，直到都达到安全点，此时安全点开启成功。开启安全点的核心是线程状态的转换，不同线程进入安全点的方式也不尽相同。

1）解释器线程：第 5 章提到过，VMThread 调用 TemplateInterpreter::notice_safepoints 通知模板解释器将模板表切换为安全点表（这意味着执行完一条字节码后遇到一个安全点时，可以进入安全点），安全点表除了执行字节码代码外还负责安全点处理，其中就包括进入安全点。

2）执行 native 代码的线程：VMThread 不会暂停执行 native 代码的线程，但是当线程从 native 代码返回到 Java 代码时，需要检查 _state，如果发现是 _synchronizing 则线程停止。

3）执行编译后的代码的线程：开启安全点后，执行编译后的代码的线程使用 test 指令访问安全点，此时安全点不可读，所以引发异常信号，异常信号会被虚拟机的信号处理器（在 Linux 平台上是 handle_linux_signal）捕获，然后阻塞线程。

4）已经阻塞的线程：对于已经阻塞的线程，继续保持阻塞状态即可，在安全点操作没有结束前不允许醒来。

5）执行虚拟机内部代码或者正在状态转换的线程：Java 线程大部分时间在执行字节码，有时也会执行虚拟机自身的一些代码，这些线程会在状态转换时阻塞自身。

10.1.3　线程局部握手

10.1.2 节的代码清单 10-2 展示的代码中有一个线程局部握手（ThreadLocal Handshakes）标志，它是 JEP 312 引入的特性。根据上面的描述，安全点是一个全局的内存页，一旦 VMThread 开启安全点（将内存设置为不可读不可写）后，所有 Mutator 线程都会继续运行直到遇到附近的安全点读取，再通过异常处理机制主动停止。但是有时并不需要停止所有 Mutator 线程，如偏向锁撤销，或者打印某个线程的线程栈，在这些情况下，VMThread 只需要停止某个指定的线程并打印线程栈即可。基于这些考虑，HotSpot VM 引入了线程局部握手机制，使 VMThread 可以有选择性地针对某个线程开启或者关闭线程局部的安全点。

10.1.4　GC 屏障

GC 屏障即后缀为 BarrierSet 的一系列类，它们的作用是在字段读操作或者写操作前后插入一段代码，执行某些垃圾回收必要的逻辑，如代码清单 10-4 所示：

代码清单 10-4　GC 屏障

```
public void barrier(Struct obj){
    // Write_barreir_pre();
    obj.field = new Object();
    // Write_barreir_post();
}
```

虚拟机在字段写操作前后可以分别插入前置写屏障、后置写屏障（读屏障同理），这些写屏障会执行一些 GC 必要的逻辑，如检测到对象引用关系的修改并记录到记忆集中。GC 屏障对性能有较大影响，因为字段读写操作是程序最常见的行为，所以不应该在 GC 屏障中放置"重量级"代码。

10.2　Epsilon GC

10.2.1　源码结构

Epsilon GC 源于 JEP 318[⊖]，它使用 -XX:+UseEpsilonGC 开启，是一个无操作（No-op）的垃圾回收器。所谓无操作是指它只负责分配内存但是没有对象回收行为，当 Java 堆耗尽时直接终止 JVM。Epsilon GC 看似没有意义，毕竟一个不会回收对象的垃圾回收器在内存有限的今天是不可能用于生产环境的，但是 Epsilon GC 是一个很好的学习示例，可以指导我们了解在 HotSpot VM 中实现一个最小垃圾回收器需要做哪些工作。它的源码位于 gc/epsilon：

```
├──── epsilonArguments.cpp
├──── epsilonArguments.hpp          # GC 参数，如是否使用 TLAB、是否开启 EpsilonGC 等
├──── epsilonBarrierSet.cpp
├──── epsilonBarrierSet.hpp         # GC barrier
├──── epsilonCollectorPolicy.hpp    # 垃圾回收策略，如堆初始大小、最大最小值等
├──── epsilonHeap.cpp
├──── epsilonHeap.hpp               # Epsilon GC 的堆
├──── epsilonMemoryPool.cpp
```

⊖　https://openjdk.java.net/jeps/318 JEP318: A No-Op Garbage Collector。

```
├── epsilonMemoryPool.hpp              # 堆内存的使用情况、GC 次数、上次 GC 时间等
├── epsilonMonitoringSupport.cpp
├── epsilonMonitoringSupport.hpp       # PerfData 支持
├── epsilonThreadLocalData.hpp         # 对象在 TLAB 分配
├── epsilon_globals.hpp                # Epsilon GC 特定虚拟机参数
└── vmStructs_epsilon.hpp              # Serviceability Agent 支持
```

10.2.2 EpsilonHeap

每个垃圾回收器都抽象出了自己的 Java 堆结构，包含最重要的对象分配和回收垃圾接口，如 Epsilon GC 使用 EpsilonHeap；Serial GC 使用 SerialHeap；CMS GC 使用 CMSHeap。其中，EpsilonHeap 结构如代码清单 10-5 所示：

代码清单 10-5　EpsilonHeap

```cpp
class EpsilonHeap : public CollectedHeap {
private:
    EpsilonCollectorPolicy* _policy;            // 回收器策略
    SoftRefPolicy _soft_ref_policy;             // 软引用清除策略
    EpsilonMonitoringSupport* _monitoring_support; // perfdata 支持
    MemoryPool* _pool;                          // 感知内存池使用情况
    GCMemoryManager _memory_manager;            // 内存管理器
    ContiguousSpace* _space;                    // 实际堆空间
    VirtualSpace _virtual_space;                // 虚拟内存
    size_t _max_tlab_size;                      // 最大 TLAB
    size_t _step_counter_update;                // perfdata 更新频率
    size_t _step_heap_print;                    // 输出堆信息频率
    int64_t _decay_time_ns;                     // TLAB 大小衰减时间
    volatile size_t _last_counter_update;       // 最后一次 perdata 更新
    volatile size_t _last_heap_print;           // 最后一次输出堆信息
public:
    virtual HeapWord* mem_allocate(...);        // 内存分配
    virtual HeapWord* allocate_new_tlab(...);   // TLAB 分配
    virtual void collect(...);                  // System.gc 触发
    virtual void do_full_collection(...);       // 普通垃圾回收
    ...
};
```

EpsilonHeap 继承自 CollectedHeap，表示可用于垃圾回收的 Java 堆，它实现了垃圾回收的部分常用操作，剩下的工作留给纯虚函数⊖，需要子类具体实现。代码清单 10-5 所示的 EpsilonHeap 实现了 CollectedHeap 的所有纯虚函数，换句话说，

⊖ C++ 的纯虚函数是形如 virtual void foo() = 0; 的函数。当一个类声明了任意一个纯虚函数后，该类将成为抽象基类。抽象基类不能实例化，继承自抽象基类的子类也必须实现这些纯虚函数，否则同样无法实例化。

EpsilonHeap 实现了一个最小化的 Java 堆所必须实现的功能。出于这个原因，用户如果想为 HotSpot VM 定制或实现一个新的垃圾回收器，可以仿照 Epsilon GC 实现自己的功能。

10.2.3 对象分配

前面代码清单 10-5 省略了大部分纯虚函数的实现，只保留了重要的几个。这里将介绍 mem_allocate()，表示内存分配。第 3 章曾提到，当虚拟机想在 Java 堆上分配对象时，它会找到 oop 对应的 klass，并调用 InstanceKlass::allocate_instance()，由该函数调用 Java 堆的内存分配接口，即 mem_allocate()，分配新的内存以容纳对象。mem_allocate 的使用如代码清单 10-6 所示：

代码清单 10-6　EpsilonHeap::mem_allocate

```
HeapWord* EpsilonHeap::mem_allocate(...) {
    *gc_overhead_limit_was_exceeded = false;
    return allocate_work(size);
}
HeapWord* EpsilonHeap::allocate_work(size_t size) {
    // 分配内存（Lock free）
    HeapWord* res = _space->par_allocate(size);
    // 当分配失败时，尝试扩容，然后再次尝试分配
    while (res == NULL) {
        MutexLockerEx ml(Heap_lock);
        size_t space_left = max_capacity() - capacity();
        size_t want_space = MAX2(size, EpsilonMinHeapExpand);
        // 如果剩余空间大于请求扩容空间，那么可以扩容
        if (want_space < space_left) {
            bool expand = _virtual_space.expand_by(want_space);
        } else if (size < space_left) {
            // 如果剩余空间不能完成扩容，但还是可能完成这次对象分配
            bool expand = _virtual_space.expand_by(space_left);
        } else {
            return NULL;// 没有剩余空间，分配失败
        }
        // 修改堆结束位置，即扩容
        _space->set_end((HeapWord *) _virtual_space.high());
        // 再次尝试内存分配
        res = _space->par_allocate(size);
    }
    size_t used = _space->used();
    ... // 分配成功，输出 log 信息
    return res;
}
```

作为虚拟机外部世界与垃圾回收器的代理人，mem_allocate 调用 GC 分配一片内存，由 InstanceKlass 获取 mem_allocate 分配到的内存，并用对象数据填充这段内存。

10.2.4　回收垃圾

正如之前所说，Epsilon GC 是一个无操作垃圾回收器，如图 10-1 所示。

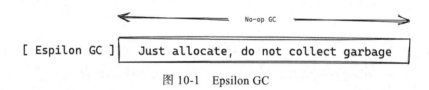

图 10-1　Epsilon GC

EpsilonHeap::collect() 只是简单记录垃圾回收请求并更新计数。一个不能回收垃圾的垃圾回收器可以用于学习，用于即开即停客户端程序，或者用于其他特殊场景，但是在内存有限的今天，它不适用于常见生产环境。期待 Epsilon GC 未来能成为一个 Op-able 垃圾回收器。

10.3　Serial GC

10.3.1　弱分代假说

Serial GC 是最经典也是最古老的垃圾回收器，使用 -XX:+UseSerialGC 开启。它的 Java 堆符合弱分代假说（Weak Generational Hypothesis）。弱分代假说的含义是大多数对象都在年轻时死亡，这个假说已经在各种不同编程范式或者编程语言中得到证实。与之相对的是强分代假说，它的含义是越老的对象越不容易死亡，但是支持该假说的证据稍显不足。人们注意到大部分对象的生命周期都非常短暂，这符合认知，因为在方法中分配局部变量几乎是最常见的操作，这些对象很多是用后即弃。

基于弱分代假说，虚拟机实现了分代堆模型，它将 Java 堆分为空间较大的老年代（Old Generation）和空间较小的新生代（Young Generation）。其中新生代容纳朝生夕死的新对象，在此区域发生垃圾回收较为频繁，老年代容纳生命周期较长的对象，可以简单认为多次垃圾回收后仍然存活的对象生命周期较长。老年代增长缓慢，因此发生垃圾回收的频率较低，这样的堆被称为分代堆。在分代堆模型中，GC 的工作不再是面向整个堆，而是"专代专收"，Young GC（以下简称 YGC）只回收新生代，Full GC（以下简称 FGC）回收整个堆。YGC 的出现使得 GC 无须遍历整个堆寻找存活对象，同时降低了老年代回收的频率。

分代堆受益于对象生命周期的区分，但是也受桎于它。之前只需要遍历整个堆即可找出所有存活对象，分代后却不能简单遍历单个分代，因为可能存在老年代指向新生代的引用，即跨代引用。如果只遍历新生代可能会错误标记一些本来存在引用的对象，继而杀死，而垃圾回收的原则是"宁可漏过不可错杀"，错误地清理存活对象是绝对不可以的。现在的问题是分代后新生代对象除了被 GC Root 引用外还会被老年代跨代引用，如果要遍历空间较大的老年代和 GC Root 才能找出新生代的存活对象，那么就失去了分代的优势，得不偿失。

跨代引用是所有分代式垃圾回收器必须面对的问题，为了处理跨代引用问题，需要一种名为记忆集（Remember Set，RSet）的数据结构来记录老年代指向新生代的引用。另一个问题是老年代很多对象可能已经实际死去，如果老年代死亡对象没有及时清理，新生代回收时会将 GC Root 和这些老年代中已经死亡的对象当作根来寻找存活对象，导致本该死亡的新生代对象也被标记为存活对象，由此产生浮动垃圾，极端情况下浮动垃圾会抵消堆分代带来的收益。

记忆集暗示着 GC 拥有发现每个写对象操作的能力，每当对象写操作发生时，GC 会检查被写入对象是否位于不同分代并据此决定是否放入记忆集。赋予 GC 这种"发现所有写对象操作"能力的组件是 GC 屏障，具体到上下文中是写屏障。写对象操作属于代码执行系统的一部分，由 GC 屏障与 JIT 编译器、模板解释器合力完成。

在 Serial GC 中，FGC 遍历整个堆，不需要考虑跨代引用，YGC 只发生在新生代，需要处理跨代引用问题。Serial GC 使用的是一种名为卡表的粗粒度的记忆集，下面将展开具体介绍。

10.3.2　卡表

卡表（Card Table）是一种可以存储跨代引用的粗粒度的记忆集，它没有精确记录老年代中指向新生代的对象和引用，而是将老年代划分为 2 次幂大小的一些内存页，记录它们所在的内存页。用卡表来映射这些页，减少了记忆集本身的内存开销，同时也尽量避免了整个老年代的遍历。标准的卡表实现通常为一个 bitmap，它的每个 bit 对应一片内存页。如图 10-2 所示。

当 Mutator 线程执行类成员变量赋值操作时，虚拟机会检查是否将一个老年代对象或引用赋值给新生代成员，如果是，则对成员变量所在内存页对应的卡表中的 bit 进行标记，后续只需要遍历卡表中标记过的 bit 对应的内存页，而无须遍历整个老年代。

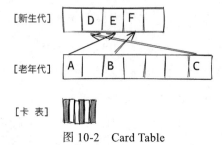

图 10-2　Card Table

不过使用 bitmap 可能会相当慢，因为对 bitmap 其中一个 bit 标记时，需要读取整个机器字，更新，然后写回，另外在 RISC 处理器上执行 bit 操作也需要数条指令。一个有效的性能改进是使用 byte 数组代替 bitmap，虽然 byte 数组使用的内存是 bitmap 的 8 倍，但是总的内存占比仍然小于堆的 1%。HotSpot VM 的卡表由 CardTable 实现，它使用 byte 数组而非 bitmap，CardTable::byte_for 函数负责内存地址到卡表 byte 数组的映射，如代码清单 10-7 所示：

代码清单 10-7　CardTable::byte_for

```
jbyte* CardTable::byte_for(const void* p) const {
    jbyte* result = &_byte_map_base[uintptr_t(p) >> card_shift];
    return result;
}
```

其中 card_shift 为 9。从实现中不难看出虚拟机将一片内存页定义为 512 字节，每当某个内存页存在跨代引用时就将 byte_map_base 数组对应的项标记为 dirty。

10.3.3　Young GC

Serial GC 将新生代命名为 DefNewGeneration，将老年代命名为 TenuredGeneration。DefNewGeneration 又将新生代划分为 Eden 空间和 Survivor 空间，而 Survivor 空间又可进一步划分为 From、To 空间，如图 10-3 所示。

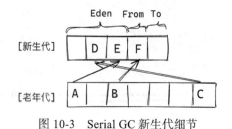

图 10-3　Serial GC 新生代细节

YGC 使用复制算法清理新生代空间。关于 YGC 的一个常见场景是起初在 Eden 空间分配小对象，当 Eden 空间不足时发生 YGC，此时 Eden 空间和 From 空间的存活对象被标记，接着虚拟机将两个空间的存活对象转移到 To 空间，如果 To 空间不能容纳对象，那么会转移到老年代。如果 To 空间能够容纳对象，Eden 空间和 From 空间清空，From 空间和 To 空间交换角色，此时存在一个空的 Eden 空间、存在部分存活对象的 From 空间以及空的 To 空间，当下次 YGC 发生时，重复上述步骤。

当一些对象在多次 YGC 后仍然存活时，可以认为该对象生命周期较长，不属于朝生夕死的对象，所以 GC 会晋升该对象，将其从新生代的对象晋升到老年代。除了上述提到的普通情况外，还有一些特殊情况需要考虑，如起初 Eden 空间无法容纳大对象，老年代无法容纳晋升对象等。完整 YGC 逻辑的实现过程如代码清单 10-8 所示，它也包括了特殊清空的处理：

代码清单 10-8　DefNewGeneration::collect

```
void DefNewGeneration::collect(...) {
    ...
    if (!collection_attempt_is_safe()) {// 检查老年代是否能容纳晋升对象
        hcap->sct_incremental_collection_failed();
        return;
    }
    FastScanClosure fsc_with_no_gc_barrier(...);
    FastScanClosure fsc_with_gc_barrier(...);
    CLDScanClosure cld_scan_closure(...);
    FastEvacuateFollowersClosure evacuate_followers(...);
    { // 从 GC Root 出发扫描存活对象
        StrongRootsScope srs(0);
        heap->young_process_roots(&srs, &fsc_with_no_gc_barrier,
            &fsc_with_gc_barrier, &cld_scan_closure);
    }
    evacuate_followers.do_void();// 处理非 GC Root 直达、成员字段可达的对象
    ... // 特殊处理软引用、弱引用、虚引用、final 引用
// 如果可以晋升，则清空 Eden、From 空间；交换 From、To 空间；调整老年代晋升阈值
    if (!_promotion_failed) {
        eden()->clear(SpaceDecorator::Mangle);
        from()->clear(SpaceDecorator::Mangle);
        swap_spaces();
    } else {
// 否则通知老年代晋升失败，仍然交换 From 和 To 空间
        swap_spaces();
        _old_gen->promotion_failure_occurred();
```

```
    }
    ...
}
```

在做 YGC 之前需检查此次垃圾回收是否安全（collection_attempt_is_safe）。所谓是否安全是要判断在新生代全是需要晋升的存活对象的最坏情况下，老年代能否安全容纳这些新生代。如果可以再继续做 YGC。

young_process_roots() 会扫描所有类型的 GC Root，并扫描卡表记忆集找出老年代指向新生代的引用，然后使用快速扫描闭包将它们复制到 To 空间。快速扫描闭包即 FastScanClosure，它将针对一个对象（线程、对象、klass 等）的操作抽象成闭包操作，然后传递到处理连续对象的逻辑代码中。由于 HotSpot VM 使用的 C++ 98 语言标准没有 lambda 表达式，所以只能使用类模拟出闭包⊖。FastScanClosure 闭包如代码清单 10-9 所示：

代码清单 10-9　FastScanClosure 闭包

```
template <class T> inline void FastScanClosure::do_oop_work(T* p) {
    // 从地址 p 处获取对象
    T heap_oop = RawAccess<>::oop_load(p);
    if (!CompressedOops::is_null(heap_oop)) {
        oop obj = CompressedOops::decode_not_null(heap_oop);
        // 如果对象位于新生代
        if ((HeapWord*)obj < _boundary) {
            // 如果对象有转发指针，相当于已复制过，那么可以直接使用已经复制后的对象，否则
            // 需要复制
            oop new_obj = obj->is_forwarded()
                ?obj->forwardee(): _g->copy_to_survivor_space(obj);
            RawAccess<IS_NOT_NULL>::oop_store(p, new_obj);
            if (is_scanning_a_cld()) { // 根据情况设置 gc_barrier
                do_cld_barrier();
            } else if (_gc_barrier) {
            do_barrier(p);
            }
        }
    }
}
```

⊖ lambda 表达式又叫 lambda 抽象，它是 lambda 演算的基础。通俗来说，lambda 是没有名字的函数，等价于匿名函数，闭包是作用域闭合于外部函数环境的函数，两者严格来说并非等价，但是通常可以根据上下文同义替换。

从 GC Root 和老年代出发，所有能达到的对象都是活对象，FastScanClosure 会应用到每个活对象上。如果遇到已经设置了转发指针的对象，即已经复制过的，则直接返回复制后的对象，否则使用如代码清单 10-10 所示的 copy_to_survivor_space 进行复制：

代码清单 10-10　copy_to_survivor_space

```
oop DefNewGeneration::copy_to_survivor_space(oop old) {
    size_t s = old->size();
    oop obj = NULL;

    // 在 To 空间分配对象
    if (old->age() < tenuring_threshold()) {
        obj = (oop) to()->allocate_aligned(s);
    }
    // To 空间分配失败，在老年代分配
    if (obj == NULL) {
        obj = _old_gen->promote(old, s);
        if (obj == NULL) {
            handle_promotion_failure(old);
            return old;
        }
    } else {
        // To 空间分配成功
        const intx interval = PrefetchCopyIntervalInBytes;
        Prefetch::write(obj, interval); // 预取到缓存
        // 将对象复制到 To 空间
        Copy::aligned_disjoint_words((HeapWord*)old,(HeapWord*)obj,s);
        // 对象年龄增加
        obj->incr_age();
        age_table()->add(obj, s);
    }

    // 在对象头插入转发指针 (使用新对象地址代替之前的对象地址，并设置对象头 GC bit)
    old->forward_to(obj);
    return obj;
}
```

copy_to_survivor_space() 视情况将对象复制到 To 空间或者晋升到老年代，然后为老对象设置新对象地址，即可转发指针（Forwarding Pointer）。设置转发指针的意义在于 GC Root 可能存在两个指向相同对象的槽位，如果简单移动对象，并将槽位修改为新的对象地址，第二个 GC Root 槽位就会访问到错误的老对象地址，而设置转发指针后，后续对老对象的访问将转发到正确的新对象上。

上述过程会触碰到 GC Root 和老年代出发直接可达的对象，并将它们移动到 To 空间（或者晋升老年代），这些移动后的对象可能包含引用字段，即可能间接可达其他对象。Serial GC 维护一个 save_mark 指针和已分配空间顶部（to()->top()）指针，To 空间底部到 save_mark 的区域中的对象表示自身和自身字段都扫描完成的对象，save_mark 到空间顶部的区域中的对象表示自身扫描完成但是自身字段未完成的对象。FastEvacuateFollowersClosure 的任务就是扫描 save_mark 到空间顶部的对象，遍历它们的字段，并将这些能达到的对象移动到空间底部到 save_mark 的区域，然后向前推进 save_mark，直到 save_mark 等于空间顶部，扫描完成。

由于新生代对象可能移动到 To 空间，也可能晋升到老年代，所以上述逻辑对于老年代也同样适用。

10.3.4　Full GC

由于历史原因，FGC 的实现位于 serial/genMarkSweep。虽然从名字上看 SerialGC 的 FGC 的实现似乎是基于标记清除算法，但是实际上 FGC 是基于标记压缩算法实现，如图 10-4 所示。

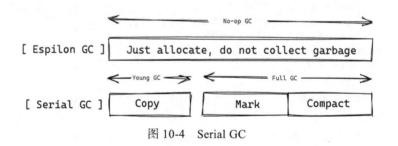

图 10-4　Serial GC

FGC 使用的标记整理算法是基于 Donald E. Knuth 提出的 Lisp2 算法：首先标记（Mark）存活对象，然后把所有存活对象移动（Compact）到空间的一端。FGC 始于 TenuredGeneration::collect，它会在 GC 前后记录一些日志，可以使用 -Xlog:gc* 输出这些日志，如代码清单 10-11 所示：

代码清单 10-11　FGC 日志

```
GC(1) Phase 1: Mark live objects
GC(1) Phase 2: Compute new object addresses
```

```
GC(1) Phase 3: Adjust pointers
GC(1) Phase 4: Move objects
```

日志显示 FGC 过程分为四个阶段，如图 10-5 所示。

[Phase1:标记存活对象]

[Phase3:调整指针关系]

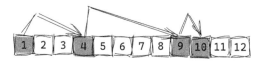

[Phase2:计算对象新地址]

[Phase4:移动对象数据]

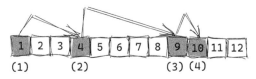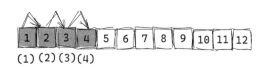

图 10-5　Serial GC 的 FGC 的四个阶段

1. 标记存活对象（Mark Live Object）

第一阶段虚拟机遍历所有类型的 GC Root，然后使用 XX::oops_do(root_closure) 从该 GC Root 出发标记所有存活对象。XX 表示 GC Root 类型，root_closure 表示标记存活对象的闭包。root_closure 即 MarkSweep::FollowRootClosure 闭包，给它一个对象，就能标记这个对象、标记迭代标记对象的成员，以及标记对象所在的栈的所有对象及其成员，如代码清单 10-12 所示：

代码清单 10-12　标记存活对象

```
template <class T> inline void MarkSweep::follow_root(T* p) {
    // 如果引用指向的对象不为空且未标记
    T heap_oop = RawAccess<>::oop_load(p);
    if (!CompressedOops::is_null(heap_oop)) {
        oop obj = CompressedOops::decode_not_null(heap_oop);
        if (!obj->mark_raw()->is_marked()) {
            mark_object(obj);      // 标记对象
            follow_object(obj);    // 标记对象的成员
        }
    }
    follow_stack();                // 标记引用所在栈
}
// 如果对象是数组对象则标记数组，否则标记对象的成员
```

```
inline void MarkSweep::follow_object(oop obj) {
    if (obj->is_objArray()) {
        MarkSweep::follow_array((objArrayOop)obj);
    } else {
        obj->oop_iterate(&mark_and_push_closure);
    }
}
void MarkSweep::follow_stack() {       // 标记引用所在的整个栈
    do {
        // 如果待标记栈不为空则逐个标记
        while (!_marking_stack.is_empty()) {
            oop obj = _marking_stack.pop();
            follow_object(obj);
        }
        // 如果对象数组栈不为空则逐个标记
        if (!_objarray_stack.is_empty()) {
            ObjArrayTask task = _objarray_stack.pop();
            follow_array_chunk(objArrayOop(task.obj()), task.index());
        }
    }while(!_marking_stack.is_empty()||!_objarray_stack.is_empty());
}
// 标记数组的类型的 Class 和数组成员, 比如 String[] p = new String[2]
// 对 p 标记会同时标记 java.lang.Class, p[1],p[2]
inline void MarkSweep::follow_array(objArrayOop array) {
    MarkSweep::follow_klass(array->klass());
    if (array->length() > 0) {
        MarkSweep::push_objarray(array, 0);
    }
}
```

2. 计算对象新地址（Compute New Object Address）

标记完所有存活对象后，Serial GC 会为存活对象计算出新的地址，然后存放在对象头中，为接下来的对象整理（Compact）做准备。计算对象新地址的思想是先设置 cur_obj 和 compact_top 指向空间底部，然后从空间底部开始扫描，如果 cur_obj 扫描到存活对象，则将该对象的新地址设置为 compact_top，然后继续扫描，重复上述操作，直至 cur_obj 到达空间顶部。

3. 调整对象指针（Adjust Pointer）

虽然计算出了对象新地址，但是 GC Root 指向的仍然是老对象，同时对象成员引用的也是老的对象地址，此时通过调整对象指针可以修改这些指向关系，让 GC Root 指向新的对象地址，然后对象成员的引用也会相应调整为引用新的对象地址。

4. 移动对象（Move object）

当一切准备就绪后，就在新地址为对象分配了内存，且引用关系已经修改，但是新地址的对象并不包含有效数据，所以要从老对象地址处将对象数据逐一复制到新对象地址处，至此 FGC 完成。Serial GC 将重置 GC 相关数据结构，并用日志记录 GC 信息。

10.3.5 世界停顿

在 10.1.2 节讲过，世界停顿（Stop The World，STW）即所有 Mutator 线程暂停的现象。Serial GC 的 YGC 和 FGC 均使用单线程进行，所以 GC 工作时所有 Mutator 线程必须暂停，Java 堆越大，STW 越明显，且长时间的 STW 对于 GUI 程序或者其他要求伪实时、快速响应的程序是不可接受的，所以 STW 是垃圾回收技术中最让人诟病的地方之一：一方面所有 Mutator 线程走到安全点需要时间，另一方面 STW 后垃圾回收工作本身也需要大量时间。那么，能否利用现代处理器多核，并行化 STW 后垃圾回收中的部分工作呢？关于这一点，Parallel GC 给出了一份满意的答案。

10.4　Parallel GC

10.4.1　多线程垃圾回收

Parallel GC 即并行垃圾回收器，它是面向吞吐量的垃圾回收器，使用 -XX:+UseParallelGC 开启。Parallel GC 是基于分代堆模型的垃圾回收器，其 YGC 和 FGC 的逻辑与 Serial GC 基本一致，只是在垃圾回收过程中不再是单线程扫描、复制对象等，而是用 GCTaskManager 创建 GCTask 并放入 GCTaskQueue，然后由多个 GC 线程从队列中获取 GCTask 并行执行。相比单线程的 Serial GC，它的显著优势是当处理器是多核时，多个 GC 线程使得 STW 时间大幅减少。下面代码清单 10-13 展示了 Parallel GC 的 YGC 过程：

代码清单 10-13　Parallel GC 的 YGC

```
bool PSScavenge::invoke_no_policy() {
    ...
    {
        // GC 任务队列
```

```
GCTaskQueue* q = GCTaskQueue::create();
// 扫描跨代引用
if (!old_gen->object_space()->is_empty()) {
    uint stripe_total = active_workers;
    for(uint i=0; i < stripe_total; i++) {
        q->enqueue(new OldToYoungRootsTask(...));
    }
}
// 扫描各种 GC Root
q->enqueue(new ScavengeRootsTask(universe));
q->enqueue(new ScavengeRootsTask(jni_handles));
PSAddThreadRootsTaskClosure cl(q);
Threads::java_threads_and_vm_thread_do(&cl);
q->enqueue(new ScavengeRootsTask(object_synchronizer));
q->enqueue(new ScavengeRootsTask(management));
q->enqueue(new ScavengeRootsTask(system_dictionary));
q->enqueue(new ScavengeRootsTask(class_loader_data));
q->enqueue(new ScavengeRootsTask(jvmti));
q->enqueue(new ScavengeRootsTask(code_cache));

TaskTerminator terminator(...);
// 如果 active_workers 大于 1, 添加一个 StealTask
if (gc_task_manager()->workers() > 1) {
    for (uint j = 0; j < active_workers; j++) {
        q->enqueue(new StealTask(terminator.terminator()));
    }
}
// 停止继续执行, 直到上述 Task 执行完成
gc_task_manager()->execute_and_wait(q);
}
// 处理非 GC Root 直达、成员字段可达的对象
PSKeepAliveClosure keep_alive(promotion_manager);
PSEvacuateFollowersClosure evac_followers(promotion_manager);
...
// YGC 结束, 交换 From 和 To 空间
if (!promotion_failure_occurred) {
    young_gen->eden_space()->clear(SpaceDecorator::Mangle);
    young_gen->from_space()->clear(SpaceDecorator::Mangle);
    young_gen->swap_spaces();
    ...
}
return !promotion_failure_occurred;
}
```

Serial GC 使用 young_process_roots() 扫描 GC Root, 而 Parallel GC 是将 GC Root 扫描工作包装成一个个 GC 任务, 放入 GC 任务队列等待 GC 任务管理器一起处理;

Serial GC 使用 FastEvacuateFollowersClosure 处理对象成员字段可达对象，而 Parallel
GC 使 用 PSEvacuateFollowersClosure 多线程处理；不过，YGC 完成后 Serial GC 和
Parllel GC 都会交换 From 和 To 空间。从算法上看，两个垃圾回收器并无太大区别，
只是 Parallel GC 充分利用了多核处理器。

10.4.2　GC 任务管理器

Parallel GC 使用 ScavengeRootsTask 表示 GC Root 扫描任务。ScavengeRootsTask
实际上继承自 GCTask，它会被放入 GCTaskQueue，然后由 GCTaskManager 统一执行，
如图 10-6 所示。

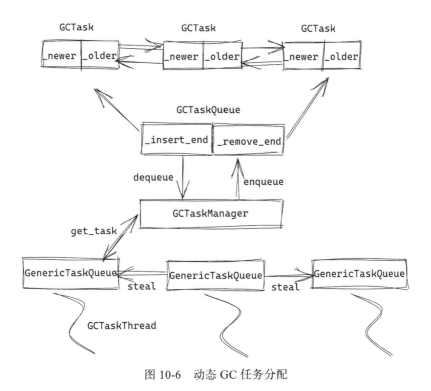

图 10-6　动态 GC 任务分配

如代码清单 10-14 所示，垃圾回收器会向 GCTaskQueue 投递 OldToYoungRootTask、
ScavengeRootsTask、ThreadRootsTask 和 StealTask，然后 execute_and_wait() 会阻塞垃
圾回收过程，直到所有 GC Task 被 GC 线程执行完毕，这也是并发垃圾回收器和并行垃圾
垃圾回收器的显著区别：并发垃圾回收器（几乎）不会阻塞垃圾回收过程，而并行垃圾

回收器会阻塞整个 GC 过程。实际上 execute_and_wait() 也创建了一个 GC Task。

代码清单 10-14　WaitForBarrierGCTask

```
GCTaskManager::execute_and_wait(GCTaskQueue* list) {
    WaitForBarrierGCTask* fin = WaitForBarrierGCTask::create();
    list->enqueue(fin);
    OrderAccess::storestore();
    add_list(list);
    fin->wait_for(true /* reset */);
    WaitForBarrierGCTask::destroy(fin);
}
```

GCTaskManager 相当于一个任务调度中心，实际执行任务的是 GCTaskThread，即 GC 线程。当投递了一个 WaitForBarrierGCTask 任务后，当前垃圾回收线程一直阻塞，直到 GC 任务管理器发现没有工作线程在执行 GCTask。

每个 GCTask 的工作量各不相同，如果一个 GC 线程快速完成了任务，另一个 GC 线程仍然在执行需要消耗大量算力的任务，此时虽然其他线程空闲，但垃圾回收 STW 时间并不会减少，因为在执行下一步操作前必须保证所有 GCTask 都已经执行完成。这是任务调度的一个常见问题。

为了负载均衡，GC 线程可以将 GCTask 分割为更细粒度的 GCTask 然后放入队列，比如一个指定 GC Root 类型扫描任务可以使用 BFS（Breadth First Searching，广度优先搜索）算法，将 GC Root 可达的对象放入 BFS 队列，搜索 BFS 队列中对象及其成员字段以构成一个更细粒度的 GCTask，这些细粒度任务可被其他空闲 GC 线程窃取，这种方法也叫作工作窃取（Work Stealing）。

工作窃取是 Parallel GC 性能优化的关键，它实现了动态任务负载（Dynamic Load Balancing，DLB），可以确保其他线程 IDLE 时任务线程不会过度负载。工作窃取算法对应 StealTask，它的核心逻辑如代码清单 10-15 所示：

代码清单 10-15　Steal Task

```
template<class T, MEMFLAGS F> bool
GenericTaskQueueSet<T, F>::steal_best_of_2(...) {
    //如果任务队列多于 2 个
    if (_n > 2) {
        T* const local_queue = _queues[queue_num];
        //随机选择两个队列
```

```
        uint k1 = ...;
        uint k2 = ...;
        uint sz1 = _queues[k1]->size();
        uint sz2 = _queues[k2]->size();
        uint sel_k = 0;
        bool suc = false;
        // 在随机选择的 k1 和 k2 队列中选择 GCTask 个数较多的那个，窃取一个 GCTask
        if (sz2 > sz1) {
            sel_k = k2;
            suc = _queues[k2]->pop_global(t);
        } else if (sz1 > 0) {
            sel_k = k1;
            suc = _queues[k1]->pop_global(t);
        }
        ...// 窃取成功
        return suc;
    } else if (_n == 2) {
        // 如果任务队列只有两个，那么随机窃取一个任务队列的 GCTask
        uint k = (queue_num + 1) % 2;
        return _queues[k]->pop_global(t);
    } else {
        return false;
    }
}
```

简单来说，垃圾回收器将随机选择两个任务队列（如果有的话），再在其中选择一个更长的队列，并从中窃取一个任务。任务窃取不总是成功的，如果一个 GC 线程尝试窃取但是失败了 2*N 次，N 等于 (ncpus<=8)?ncpus:3+((ncpus*5)/8))，那么当前 GC 线程将会终止运行。

工作窃取使用 GenericTaskQueue，这是一个 ABP（Aurora-Blumofe-Plaxton）风格的双端队列，队列的操作无须阻塞，持有队列的线程会在队列的一端指向 push 或 pop_local，其他线程可以对队列使用如代码清单 10-15 所示的 pop_global 完成窃取任务。

有了动态任务负载后，GC 线程的终止机制也需要对应改变。具体来说，GC 线程执行完 GCTask 后不会简单停止，而是查看能否从其他线程任务队列中窃取一个任务队列，如果所有线程的任务队列都没有任务，再进入终结模式。终结模式包含三个阶段，首先指定次数的自旋，接着 GC 线程调用操作系统的 yield 让出 CPU 时间，最后睡眠 1ms。如果 GC 线程这三个小阶段期间发现有可窃取的任务，则立即退出终结模式，继续窃取任务并执行。

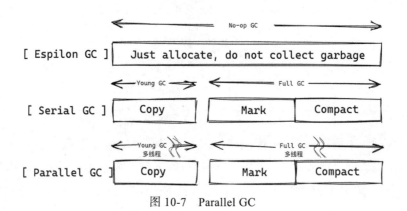

10.4.3 并行与并发

在垃圾回收领域中，并发（Concurrent）和并行（Parallel）有区别于通用编程概念中的并发和并行：并发意味着垃圾回收过程中（绝大部分时间）Mutator 线程可以和多个 GC 线程一起工作，几乎可以认为在垃圾回收进行时，Mutator 也可以继续执行而无须暂停；并行是指垃圾回收过程中允许多个 GC 线程一同工作来完成某些任务，但是 Mutator 线程仍然需要暂停，即垃圾回收过程中应用程序需要一直暂停。

Parallel GC 为减少 STW 时间付出了努力，它的解决方式是暂停 Mutator 线程，使用多线程进行垃圾回收，最后唤醒所有 Mutator，如图 10-7 所示。

图 10-7　Parallel GC

其中，并发垃圾回收线程数目由 -XX:ConcGCThreads=<val> 控制，并行垃圾回收线程数目由 -XX:ParallelGCThreads=<val> 控制。但多线程并行化垃圾回收工作过程中 Mutator 线程仍然需要暂停，所以人们期待一种在垃圾回收阶段 Mutator 线程仍然能继续运行的垃圾回收器，或者至少在垃圾回收过程中大部分时间 Mutator 线程可以继续运行的垃圾回收器。等等，这不就是前面提到的并发垃圾回收器的概念吗？是的，并发垃圾回收器 CMS GC 可以解决这个问题（虽然它的解决方案并不完美）。

10.5　CMS GC

10.5.1　回收策略

CMS GC 的全称是最大并发标记清除垃圾回收器（Mostly Mark and Sweep Garbage Collector），可以使用 -XX:+UseConcMarkSweepGC 开启。CMS GC 的新生代清理仍然使用与 Parallel GC 类似的方式，即开启多个线程一起清理，且在这个过程中，Mutator 线程不能工作。从算法上来说，该过程与 Serial GC、Parallel GC 的 YGC 完全一致；从逻辑上来说，该过程与 Parallel GC 的 Young GC 几乎一致，所以这里不再赘述。不同点是 CMS GC 多了个专门针对老年代的 Old GC，图 10-8 简单说明了 Old GC 的概念。

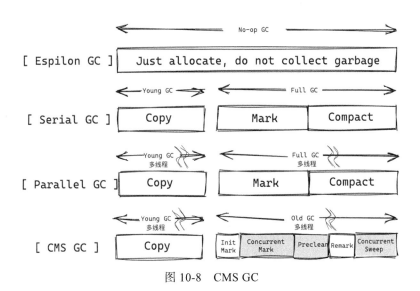

图 10-8　CMS GC

垃圾回收策略有很多名称，如 Young GC、Full GC、Minor GC、Major GC 和 Mixed GC 等，实际上对于 HotSpot VM 来说，只有 Partial GC 和 Full GC。Partial GC 表示只清理堆的部分区域。Minor GC 与 Young GC 等价，都表示只清理新生代，Old GC 表示只清理老年代，Mixed GC 表示清理整个新生代和部分老年代，它们都属于 Partial GC。Full GC 表示清理整个堆，通常它等价于 Major GC。本书主要是用 Young GC（以下简称 YGC）和 Full GC（以下简称 FGC）两种表示。

CMS GC 除了有负责清理新生代的 YGC、特殊情况下的 FGC 外，还有只回收老年代的垃圾回收策略，即 Old GC。Old GC 大部分过程允许 Mutator 线程和 GC 线程一起进行，此时 Mutator 线程无须停止，这种方式称为并发垃圾回收，所使用的算法称为并发标记清除算法。

10.5.2 对象丢失问题

传统的标记清除算法分为标记、清除两个阶段。为了将它改造为并发算法，CMS GC 将标记清除算法细分为初始标记、并发标记、预清理、可中断预清理、重新标记、并发清理，重置几个阶段，其中只有初始标记和重新标记需要 STW，其他最耗时的阶段允许 GC 线程和 Mutator 线程一起进行。正是因为它有两个阶段需要 STW，所以 CMS GC 的名字是最大程度（Mostly）的并发而非完全（Completely）并发。Mutator 线程和 GC 线程一起工作会造成一些问题，如图 10-9 所示。

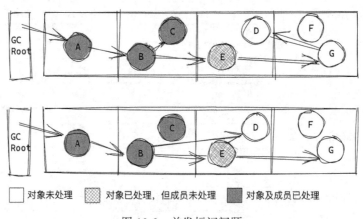

图 10-9　并发标记问题

三色抽象（Tricolor Abstraction）可以简洁地描述回收过程中对象状态的变化，所以本节将使用三色抽象描述对象标记过程：图 10-9 中黑色表示对象及成员都被处理，浅色网格表示对象本身已处理，白色表示未处理对象。

起初垃圾回收器已经处理了 A、B、C 对象，并正在处理 E 对象成员。由于 Mutator 线程可以与 GC 线程一起工作，所以 Mutator 线程可以更新 B 对象的引用，使其指向 D 对象，并删除 G 对象对 D 对象的引用。由于 B 对象已经被标记为黑色对象，不会再做扫描，所以 GC 只会继续处理 E 对象，并清扫未被标记的 D 对象。更进一步，研究表明，只要同时满足以下两条要求就会造成存活对象丢失：

❑ Mutator 线程插入了从黑色对象指向白色对象的新引用；
❑ Mutator 线程删除了从灰色对象指向该白色对象的所有可能路径。

"垃圾回收器只能清理垃圾"是垃圾回收器最重要的原则，如果只是简单地引入并发算法，则会违背该原则，因此，并发垃圾回收器必须处理对象丢失问题。

常用的解决对象丢失的方法有增量更新（Incremental Update）和 SATB（Snapshot At The Beginning，起始快照）技术。

增量更新的原理是打破第一个条件，通过写屏障记录下 Mutator 线程对黑色对象的增量修改，然后重新扫描这些黑色对象，以图 10-9 为例，当删除 G 到 D 的引用，并添加 B 到 D 的引用时，增量更新的写屏障会记录对象 G 并将它标记为灰色以等待二次处理。

SATB 的原理是打破第二个条件，同样的例子，SATB 写屏障会将 D 放入标记栈等待后续处理。

CMS GC 使用增量更新技术，具体实现方式是复用其他分代 GC 处理跨代引用的卡表和写屏障代码，只要黑色对象写入白色对象的引用，就记录在卡表中以等待后续重新标记阶段再次扫描。这样做的问题是由于卡表本来用于处理跨代引用，每次 YGC 后都会重置，导致 CMS GC 需要的数据可能被重置掉，因此 CMS GC 引入了 mod-union 表，当 CMS GC 的 Old GC 进行并发标记时，每发生一次 YGC，就会在重置卡表前更新 mod-union 表的对应数据。

10.5.3　Old GC 周期

CMS GC 在 Old GC 中实现了并发标记清除算法，在创建 CMSCollector 时，虚拟机会同时创建 ConcurrentMarkSweepThread（以下简称 CMS GC 线程），用于负责 Old GC 的实际工作，如代码清单 10-16 所示：

代码清单 10-16　ConcurrentMarkSweepThread::run_service

```
void ConcurrentMarkSweepThread::run_service() {
    ...
```

```
    while (!should_terminate()) {
        sleepBeforeNextCycle();          // 阻塞一段时间，直到下一次 Old GC 发生
        if (should_terminate()) break; // 如果请求退出则终止 CMS GC 线程
        GCIdMark gc_id_mark;
        GCCause::Cause cause = _collector->_full_gc_requested ?
            _collector->_full_gc_cause : GCCause::_cms_concurrent_mark;
        _collector->collect_in_background(cause); // 清理老年代
    }
}
```

CMS GC 线程会进入一个循环，每次它调用 sleepBeforeNextCycle() 时会阻塞一段时间，唤醒后使用 CMSCollector::collect_in_background() 清理老年代，如代码清单 10-17 所示：

代码清单 10-17 collect_in_background

```
void CMSCollector::collect_in_background(GCCause::Cause cause) {
    ...
    switch (_collectorState) {
        // 初始标记 (STW)
        case InitialMarking:{
            ReleaseForegroundGC x(this);
            stats().record_cms_begin();
            VM_CMS_Initial_Mark initial_mark_op(this);
            VMThread::execute(&initial_mark_op);
        }
        break;
        // 并发标记
        case Marking: markFromRoots();break;
        // 预清理
        case Precleaning: preclean();break;
        // 可中断预清理
        case AbortablePreclean: abortable_preclean();break;
        // 重新标记 (STW)
        case FinalMarking:{
            ReleaseForegroundGC x(this);
            VM_CMS_Final_Remark final_remark_op(this);
            VMThread::execute(&final_remark_op);
        }
        break;
        // 并发清理
        case Sweeping: sweep(); // fallthrough
        case Resizing: {
            ReleaseForegroundGC x(this);
            MutexLockerEx      y(...);
            CMSTokenSync       z(true);
```

```
            if (_collectorState == Resizing) {
                compute_new_size();
                save_heap_summary();
                _collectorState = Resetting;
            }
            break;
        }
        //重置垃圾回收器的各种数据结构
        case Resetting: ... break;
        case Idling:
        default: ShouldNotReachHere();break;
    }
    ...
}
```

collect_in_background 实现了一个完整的 Old GC，代码使用状态机模式，通过 _collectorState 状态转换来切换到不同的垃圾回收周期，简化了代码逻辑。

1. 初始标记

初始标记（InitiaMarking）是 Old GC 的第一个周期，它需要 Mutator 线程暂停，这一步通过安全点来保障，而虚拟机中能开启安全点的操作只能是 VMThread，所以 InitialMarking 阶段会创建一个 VM_CMS_Initial_Mark 的 VMOperation，当 VMThread 执行该 VMOperation 并协调所有线程进入安全点后，会调用 checkpointRootsInitial Work() 进行初始标记，如代码清单 10-18 所示：

代码清单 10-18　chekcpointRootsInitialWork

```
void CMSCollector::checkpointRootsInitialWork() {
    //确保位于安全点，并且处于 InitialMarking 阶段
    assert(SafepointSynchronize::is_at_safepoint(), ...);
    assert(_collectorState == InitialMarking, "just checking");
    ...
    //新生代指向老年代的引用
    MarkRefsIntoClosure notOlder(_span, &_markBitMap);
    ...
    if (CMSParallelInitialMarkEnabled) {
        ... //使用多线程进行初始标记
        CMSParInitialMarkTask tsk(this, &srs, n_workers);
        if (workers->total_workers() > 1) {
            workers->run_task(&tsk);
        } else {
            tsk.work(0);
        }
    } else {
```

```
        ... //使用单线程进行初始标记
        heap->cms_process_roots(...,&notOlder, &cld_closure);
    }
    ...
}
```

代码清单 10-18 说明了并发和并行并不是互斥的概念，并发标记清除把整个标记清除细分为几个阶段，然后以 STW 的方式执行其中两个阶段，其他阶段允许 Mutator 线程和 GC 一起工作，在 STW 的两个阶段，垃圾回收器还可以充分发挥多核处理器的优势，使用多个线程进行回收工作，减少 STW 时间。

为了进一步减少 STW 时间，初始标记只会扫描并标记 GC Root 指向老年代的直接引用以及新生代指向老年代的直接引用，而所有间接引用都由后面的并发标记处理。

2. 并发标记

初始标记是从 GC Root 和新生代指向老年代记忆集出发，寻找直接可达的对象，接下来并发标记（Marking）是从这些对象出发，寻找间接可达的对象。

这一步由 markFromRoots() 完成，该函数内部会创建 CMSConcMarkingTask 并发标记。CMSConcMarkingTask 包括标记逻辑和工作窃取逻辑，前者由 do_scan_and_mark 完成，后者由 do_work_stealing 完成。

标记的逻辑是每当发现初始标记的存活对象 cur，就将它放入 _markStack，然后进入循环。每次从 _markStack 中弹出一个对象，扫描 cur 的成员引用，直到 _markStack 为空，这是一个典型的广度优先搜索过程，只是 CMS GC 在扫描 cur 成员引用时稍有改变，它不会将扫描到的 cur 的成员全部放入 _markStack，而是选择性地放入，如图 10-10 所示。

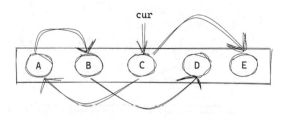

图 10-10   BFS 过程中处理 cur 对象的成员引用

假设 cur 表示对象 C。对象 C 有成员对象 A 和 E，A 的地址位于 C 的前面，垃圾回收器会标记 A，并扫描 A 的成员引用 B；B 的地址位于 C 前面，标记 B 并扫描 B 的成员引用 D；D 的地址位于 C 后面，只标记 D，将 D 的成员放入 _markStack 但是不继续扫描（本例中对象 D 没有成员）；接着处理对象 E，E 地址位于 C 后面，所以只标记不扫描它的成员引用。

总结来说，扫描策略是找到存活对象 cur，如果它的成员对象地址位于 cur 前面，则标记并继续扫描成员对象，如果它的成员对象地址位于 cur 后面，则只标记不扫描成员对象。这样做实际上结合了广度优先搜索和深度优先搜索，好处是减小了 _markStack 的大小，在该例中 _markStack 最大仅包含一个元素，若直接使用广度优先搜索会导致 _markStack 快速膨胀，虚拟机内存空间不足的情况。

3. 预清理

并发预清理和并发可中断预清理（Precleaning && AbortablePreclean）是可选步骤，如果关闭 -XX:-CMSPrecleaningEnabled，虚拟机会跳过它直接执行下一阶段的重新标记。

如果上一阶段并发标记过程中 Mutator 线程修改了对象引用关系，比如创建了新生代指向老年代的引用，那么预清理可以发现这些修改，并标记老年代的对象图。可中断预清理与之类似，它会尝试若干次预清理过程，直到次数到达 GC 允许的上限，或者超过指定时间。两个阶段的意义在于做尽可能多的标记工作，减少下一阶段重新标记的 STW 时间。

4. 重新标记

重新标记（FinalMarking）过程会再次停止全部 Mutator 线程（STW），只允许垃圾回收线程。

因为初始标记到重新标记的间隔允许 Mutaor 线程和 GC 线程一起进行，所以可能产生大量从新生代指向老年代的引用，即新生代记忆集大增，也可能之前新生代已经存活的很多对象变成了死亡对象，但是 GC 不知道这个事实，仍然从 GC Root 和新生代记忆集出发标记存活对象，使本该死亡的对象被标记为存活对象，产生浮动垃圾。这是分代垃圾回收器面临的常见问题，如果开启 -XX:+CMSScavengeBeforeRemark，在重新标记前 GC 会先对新生代进行垃圾回收，这样可以有效减少新生代记忆集大小，继而减少重新标记造成的 STW 时间。注意，以上讨论仅在两次 STW 标记期间新生代记忆集大增，或者大量新生代记忆集的对象从存活转变为死亡时才成立，如果随意开启该选项可能适得其反。

除了重新标记新增可选的新生代回收步骤外，重新标记过程与初始标记过程大致一样，两者都是向 VMThread 投递 VMOperation，区别在于前者的 VMOperation 调用 checkpoint RootsInitialWork，后者调用 checkpointRootsFinalWork，如代码清单 10-19 所示：

代码清单 10-19　重新标记

```
void CMSCollector::checkpointRootsFinalWork() {
    ...
    // 根据虚拟机参数使用多线程重新标记或者使用单线程重新标记
    if (CMSParallelRemarkEnabled) {
        do_remark_parallel();
    } else {
        do_remark_non_parallel();
    }

    ...// 处理虚引用、弱引用等特殊引用
    refProcessingWork();
    _collectorState = Sweeping; // 修改状态，下一步是并发清理
}
```

5. 并发清理

并发清理（Sweeping）是指通过寻找卡表中标记为未被标记的页，找到对应的老年代空间，然后使用 SweepClosure 清理这些空间的无用对象。

10.5.4　并发模式失败

在 CMS GC 已经处于 Old GC 过程中时，如果垃圾回收器再被请求 FGC，可能意味着 Old GC 的回收速度跟不上分配速度，此时 CMS GC 将会报告并发模式失败（如果此次 FGC 是用户请求的，如 System.gc() 调用或 Heap dump 等，那么会报告并发模式中断，只有 GC 自主发起的才被称为并发模式失败），并启用备用方案，使用单线程[⊖]标记整理算法的 FGC。单线程的 FGC 会造成应用程序长时间停顿，严重影响程序响应时间。

⊖ 至于为什么备用方案使用单线程 FGC 而不是多线程 FGC，简单来说是因为当时的开发资源不够，所以没有处理这些细节，而非技术原因。

10.5.5　堆碎片化

CMS GC 的 Old GC 使用（并发的）标记清除算法而不是像 Serial GC、Parallel GC 一样使用标记整理算法，原因在于如果使用标记整理算法，GC 只能在标记阶段（大部分时间）并发：整理阶段由于需要移动对象，整个阶段需要 STW，这对致力于减少 STW 时间的 CMS GC 来说是不可接受的。

相比之下，标记清除算法允许标记阶段（大部分时间）并发，同时清理阶段不需要移动对象，也可以并发进行，所以 CMS GC 选择了标记清除算法。标记清除算法使得并发变得简单，却带来了新的问题：它不会移动（整理）对象，随着时间的流逝，使得老年代空间的碎片化问题越来越严重，直到最后不能分配或者容纳晋升任何对象。此时 CMS GC 通常启用后备方案，即使用标记整理的 FGC 先对全堆做一次整理，处理碎片化问题，然后再继续。

尽管存在上述缺陷，但不可否认，作为第一个 HotSpot VM 并发垃圾回收器，CMS GC 为 GC 指明了未来的方向，使后续的 GC 在 CMS GC 的基础上，取长补短，不断完善。第一个后继者是并发垃圾回收器 G1 GC。

10.6　G1 GC

10.6.1　简介

G1 GC 全称是 Garbage First Garbage Collector，即垃圾优先的垃圾回收器，可以使用 -XX:+UseG1GC 开启。G1 GC（以下简称 G1）抛弃了既有堆模型，将整个堆划分为一些大小固定的内存块（Region），如图 10-11 所示。

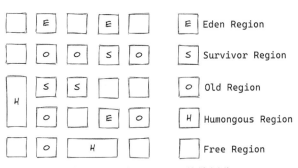

图 10-11　基于 Region 的堆划分

G1 没有抛弃弱分代假说，如图 10-11 所示，每个 Region 仍然包含代纪，YGC 和 Mixed GC（混合回收）会选择合适的 Region，然后只回收这一部分 Region。G1 的具体细节将在第 11 章详细介绍，本节只做简单讨论。

10.6.2　混合回收

Mixed GC 是 G1 独有的回收策略，分为全局并发标记和对象复制两个部分：全局并发标记使用 G1ConcurrentMarkThread 在后台不定期运行，试图标记存活对象并找出收益较高的 Region，接下来由 YGC 选择这些收益较高的 Region 并对它们使用复制算法，将其中的存活对象复制到 Survivor Region，然后清空原本的 Region。

复制算法可以有效地解决类似 CMS GC 老年代的碎片化问题，同时由于全局并发标记选择一部分 Region，这使得用户可以指定一个 GC 最大暂停时间作为目标，由 G1 根据历史数据和选择的 Region 回收垃圾，努力达到用户设置的目标，也即让用户在一定程度上控制 STW 时间。完整的 G1 周期如图 10-12 所示。

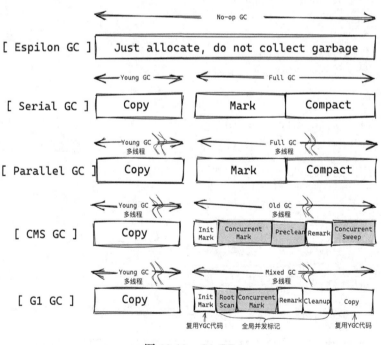

图 10-12　G1 GC

除了 Young GC 和 Mixed GC，G1 也有 Full GC。回收速度跟不上老年代回收速度，或者无法容纳晋升对象等都可能导致 Full GC。G1 的 Full GC 与其他垃圾回收器的 Full GC 一样都使用标记整理算法，整个 Full GC 是一个完全 STW 的过程。

另外从图 10-12 中不难看出，在混合回收中，复制阶段是全局 STW 的，它是一个相当耗时的过程，如果 G1 跟不上用户设置的目标，反而容易引发 Full GC。对于这些问题，新一代低停顿并发垃圾回收器 Shenandoah GC 和 ZGC 交出了新的答卷。

10.7　Shenandoah GC

在 Shenandoah GC 之前的所有垃圾回收器都必须主动或者被动地整理老年代或者新生代，因此会导致长时间的 STW，对于大型的堆，比如超过 100GB，所有现存的垃圾回收器几乎都表现得很差。为了解决这些问题，Red Hat 开发了一个低停顿的并发垃圾回收器，并于 JEP 189 贡献给了 OpenJDK 社区，目前 Shenandoah GC 仍然属于实验性特性，需要使用参数 -XX:+UnlockExperimentalVMOptions -XX:+UseShenandoahGC 开启。

Shenandoah GC 的 STW 时间不会随堆的增大而线性增长，所以回收 200GB 的堆和 2GB 的堆的 STW 时间相差无几。Shenandoah GC 的大部分阶段都是并发的，如图 10-13 所示。

Shenandoah GC 类似于 G1，也是基于 Region 的堆设计，但是它没有采用弱分代假设。一个特别的地方是它在移动对象时允许 Mutator 线程运行，即并发整理阶段（Concurrent Compact），这是它减少停顿时间的关键，也是低延时的秘诀所在。因为没有分代设计，在并发整理阶段，Shenandoah GC 会清理所有可能 Region。并发整理的关键技术是 Brooks 指针。

G1 仅在 STW 期间才能移动对象，而 Shenandoah GC 可以在 Mutator 线程运行期间并发地重定位对象位置，它通过名为 Brooks 指针的技术来实现这个特性。在堆中的每个对象都有一个额外的 Brooks 指针字段（fwdptr），它指向这个对象，当对象移动后，它指向移动后的对象，同时将对对象的修改转发到移动后的对象上，如图 10-14 所示。

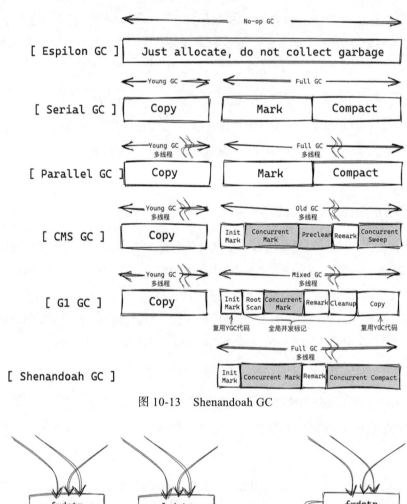

图 10-13　Shenandoah GC

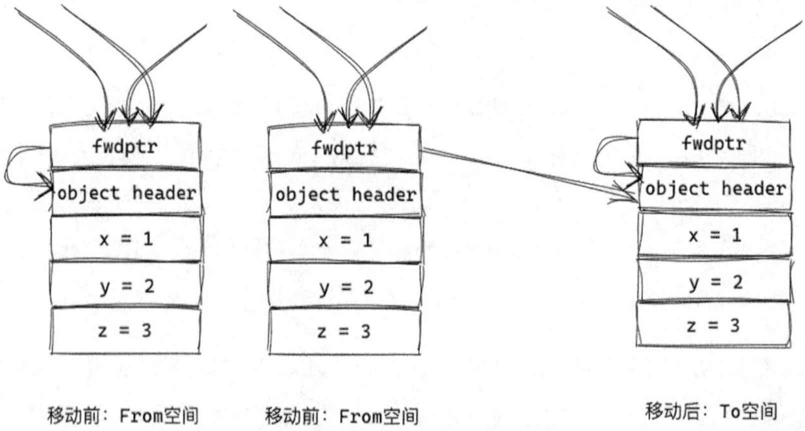

移动前: From空间　　　移动前: From空间　　　　移动后: To空间

图 10-14　fwdptr 指针

　　移动前 fwdptr 指向对象本身，其他指向当前 fwdptr 的指针转发到正常位置，移动后 fwdptr 指向新对象位置，对象修改通过 fwdptr 转发到新对象位置上，如图 10-15 所示。

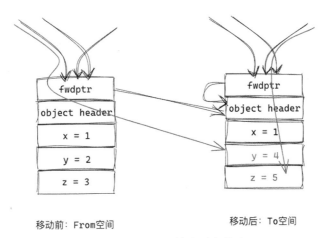

移动前：From空间   移动后：To空间

图 10-15　fwdptr 转发对象修改

通过转发指针，对象移动期间无须全局 STW，只需要 CAS 交换指针即可。除了对象修改外，对象访问也需要借助 fwdptr 转发，因为如果不转发就可能读取到未更新的 x、y、z 值。转发对象读取和对象访问请求需要通过读屏障和写屏障来完成。代码清单 10-20 展示了 Shenandoah GC 的读屏障：

代码清单 10-20　Shenandoah GC 读屏障

```
oop ShenandoahBarrierSet::read_barrier(oop src) {
    if (ShenandoahReadBarrier && _heap->has_forwarded_objects()) {
        //最终对 (*brooks_ptr_addr(src)) 解引用
        return ShenandoahBarrierSet::resolve_forwarded(src);
    }
    return src;
}
HeapWord** ShenandoahBrooksPointer::brooks_ptr_addr(oop obj) {
    //读取 obj 的 fwdptr，然后解引用，得到地址
    return (HeapWord**)((HeapWord*) obj + word_offset());
}
```

Shenandoah GC 要求每个对象附加一个额外的转发指针字段，这会浪费一些内存，同时读屏障也会造成比较严重的开销，因为每次对象读取都会额外执行其他指令。

10.8　ZGC

ZGC 是由 Oracle 开发的一个低停顿的并发垃圾回收器，并于 JEP 333 贡献给

OpenJDK 社区。ZGC 的目标与 Shenandoah GC 的目标非常相似：控制 STW 时间，目标 10ms 以内；STW 时间不会随着堆的增大而变长。

ZGC 使用基于 Region 的堆设计，同样在移动对象过程中允许 GC 线程和 Mutator 线程一同运行。Shenandoah GC 给出的解决方案是 Brooks 指针，而 ZGC 使用染色指针。

x64 的硬件限制使得处理器只能使用 48 条地址线访问 256TB 的内存，ZGC 为对象地址保留 42 位，这导致目前 ZGC 最大只支持 4TB 的内存，因为着色指针的设计，ZGC 不支持 32 位指针也不支持压缩指针。剩下的位用于存放 finalizable，remapped，marked1 和 marked0 几个标志，如图 10-16 所示。

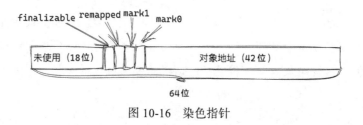

图 10-16　染色指针

这些标志可以指明对象是否已经被移动、是否被标记、是否只能通过 finalizer 可达。除了并发移动对象外，ZGC 还支持基于 NUMA 的 CPU 架构，并且能归还未使用的内存给操作系统等。目前 ZGC 也处于实验阶段，需要 -XX:+UnlockExperimentalVM Options -XX:UseZGC 开启，

各式各样垃圾回收器的出现说明一个事实：GC 没有"银弹"，换句话说，所有 GC 都不能兼具低停顿时间和低运行时开销的特性，如图 10-17 所示。

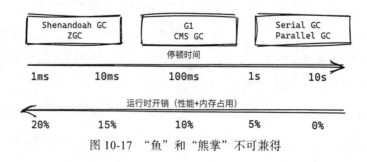

图 10-17　"鱼"和"熊掌"不可兼得

Epsilon GC 可能算一个，但是它不回收垃圾，不能用于常见应用环境。也许在遥远的未来会出现类似 -XX:+SelectOptimumGC 的参数，可以根据用户描述的应用程序特性和环境来自动选择最合适的垃圾回收器，但是目前，开发者仍然需要根据自己的应用程序特性和运行环境手动选择最合适的 GC，并适度调整 GC 参数，使 GC 与应用程序相契合。没有最好的垃圾回收器，只有最合适的选择。

10.9　本章小结

本章根据历史时间线介绍了 HotSpot VM 现存的所有垃圾回收器。10.1 节简单讨论虚拟机与垃圾回收器交互的机制。10.2 节介绍了 Serial GC，它使用单线程清理垃圾。10.3 节的 Parallel GC 解决了 Serial GC 的不足，使用多线程清理垃圾。10.4 节的 CMS GC 部分解决了 Parallel GC 的不足，除了多线程清理垃圾外，还允许清理垃圾过程中 Mutator 线程继续运行。10.5 节的 G1GC 解决了 CMS GC 的不足，将堆划分为 Region，回收过程中整理 Region，消除碎片化。10.6 节的 Shenandoah GC 解决了 G1 GC 的不足，它的回收停顿时间不会随着堆变大而增长，同时允许对象复制阶段 Mutator 线程继续工作。10.7 和 10.8 节的 ZGC 与 Shenandoah GC 同属于新一代的低延时垃圾回收器，它们的目标 STW 时间均小于 10ms，且不会随着堆的增大而变长。最后对所有垃圾回收器做了简单总结。

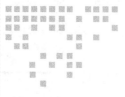

G1 GC

G1 GC 是面向服务端应用程序的垃圾回收器，通过新的堆设计和停顿预测模型，可以到达用户指定的一个比较合理的软实时目标。本章将详细分析 G1 GC 的设计和实现。

11.1　G1 GC 简介

11.1.1　基于 Region 的堆

G1 GC 全称是 Garbage-First Garbage Collector，即垃圾优先的垃圾回收器，可以使用 -XX:+UseG1GC 开启。G1 GC（以下简称 G1）抛弃了既有堆模型，它将整个堆划分为一些大小固定的内存块（Region），通过 -XX:G1HeapRegionSize=<val> 控制 Region 大小（注意每个 Region 的大小只能是 1MB、2MB、4MB、8MB、16MB 和 32MB），如图 11-1 所示。

G1 没有抛弃弱分代假说，在图 11-1 中，每个 Region 仍然包含代纪类型，一个特别的类型是巨型 Region（Humongous Region），如果用户分配的对象超过了单个 Region 的大小，那么将使用连续多个 Region 存放对象，并将这些 Region 都标记为巨型 Region。除了图 11-1 中包含的五种 Region 类型外，G1 还有一个 Archive 类型的 Region，它包含的是不可变的数据，该类型用于支持 AppCDS。有了基于 Region 的堆划分就会相应需要基于 Region 的垃圾回收策略，G1 包含 YGC、FGC 和 Mixed GC，不同的垃圾回收策略将清理不同类型的 Region。

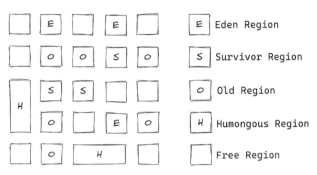

图 11-1　基于 Region 的堆划分

11.1.2　记忆集 RSet

G1 包含 YGC、FGC 和 Mixed GC 三种垃圾回收策略，其中，YGC 和 FGC 与其他垃圾回收器类似：YGC 只回收新生代 Region，而 FGC 回收整个堆。独有的 Mixed GC 是一种 Partial GC 策略，它会回收所有新生代 Region 和部分老年代 Region。

既然 Mixed GC 属于 Partial GC，那么它也会面临跨代引用问题，因为它回收整个新生代和部分老年代 Region，所以一个老年代 Region 的根集包括 GC Root 和从老年代 Region 指向老年代 Region 的引用（old->old），新生代 Region 根集包括 GC Root 和老年代 Region 指向新生代 Region 的引用（old->young）。

G1 使用 RSet 记忆集记录这些跨代引用。在记忆集设计中一般包含两种方式：一种是 points-into 记忆集，它表示"哪些对象引用了我"；另一种是 points-out 记忆集，它记录的是"我引用了哪些对象"。G1 同时使用两种方式，如图 11-2 所示。

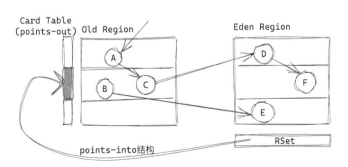

图 11-2　G1 RSet

假设有 a.field = b，如果使用 points-into 记忆集，那么 b 拥有记忆集，它记录 a 的位置。如果使用 points-out 记忆集，那么 a 拥有记忆集，它记录 b 的位置。G1 的记忆集 RSet 同时使用两种设计，首先使用 points-into 结构来记忆有哪些其他 Region 引用自身（即对象 b 所在 Region 记录引用自身的对象 a 所在 Region），然后每个 Region 包含一个 points-out 的卡表结构，记录指向当前对象的对象的具体位置（即对象 b 所在 Region 的卡表的索引）。

在 G1 堆中，每个 Region 会关联一个 RSet，后置写屏障（g1_write_barrier_post）捕获 Mutator 线程向对象写入的每个值。如果发现写入操作导致两个对象产生 old->old 或者 old->young 关系，那么可以更新 RSet，并将对象写入线程局部的 DirtyCardQueue（DCQ），当线程局部的 DCQ 已满后，再将 DCQ 放入全局的 DirtyCardQueueSet（DCQS）。

出于性能考虑，写屏障内的代码应该尽可能简单和高效，g1_write_barrier_post 只负责发现那些产生 old->old 或者 old->young 关系的修改，并将对象加入 DCQ。后续处理 DCQ 中的对象及更新 RSet 的操作则由专门的 Refine 线程负责。Refine 线程取出 DCQS 中的 DCQ 的对象，找到被该对象引用的对象，然后更新被引用对象所在的 Region 的 RSet，如代码清单 11-1 所示：

代码清单 11-1　更新 RSet

```
void G1ConcurrentRefineOopClosure::do_oop_work(T* p) {
    T o = RawAccess<MO_VOLATILE>::oop_load(p);
    if (CompressedOops::is_null(o)){ return; }
    oop obj = CompressedOops::decode_not_null(o);
    if (HeapRegion::is_in_same_region(p, obj)) {
        return; // 如果对象和被引用对象在同一个 Region 中，则不需要处理
    }
    // 如果在不同 Region 中，则需找到被引用者所在 Region 的 RSet
    HeapRegionRemSet* to_rem_set = _g1h->heap_region_containing(obj)->rem_
        set();
    // 在被引用者的 RSet 中添加关系
    if (to_rem_set->is_tracked()) {
        to_rem_set->add_reference(p, _worker_i);
    }
}
```

11.1.3　停顿预测模型

前面提到 Mixed GC 回收整个新生代和部分老年代 Region，对于部分老年代

Region 的选择也有些讲究。G1 会根据历史数据进行数学运算，计算出本次回收需要选择的老年代 Region 数量，以此来达到用户设置的 -XX:MaxGCPauseMillis 时间，即满足用户期望的 GC 不能超过最长停顿时间。注意，如果这个时间设置得不合理，G1 也达不到期望。

11.2　Young GC

前文提到，Young GC（以下简称 YGC）是指新生代垃圾回收，下面将详细讨论 G1 的 YGC 过程。

11.2.1　选择 CSet

YGC 的回收过程位于 G1CollectedHeap::do_collection_pause_at_safepoint()，在进行垃圾回收前它会创建一个清理集 CSet（Collection Set），存放需要被清理的 Region。选择合适的 Region 放入 CSet 是为了让 G1 达到用户期望的合理的停顿时间。CSet 的创建过程如代码清单 11-2 所示：

代码清单 11-2　选择 Region 放入 CSet

```
void G1Policy::finalize_collection_set(...) {
    // 先选择新生代 Region，用户期望的最大停顿时间是 target_pause_time_ms
    // G1 计算出清理新生代 Region 的可能用时后，会将剩下的时间（time_remaining_ms）给老年代
    double time_remaining_ms =
        _collection_set->finalize_young_part(...);
    _collection_set->finalize_old_part(time_remaining_ms);
}
```

G1 的 YGC 只负责清理新生代 Region，因此 finalize_old_part() 不会选择任何 Region，所以只需要关注 finalize_young_part()。finalize_young_part 会在将所有 Eden 和 Survivor Region 加入 CSet 后准备垃圾回收。

G1 在 evacuate_collect_set() 中创建 G1ParTask，然后阻塞，直到 G1ParTask 执行完成，这意味着整个 YGC 期间应用程序是 STW 的。类似 Parallel GC 的 YGC，G1ParTask 的执行由线程组 GangWorker 完成，以尽量减少 STW 时间。不难看出，YGC 的实际工作位于 G1ParTask，它主要分为三个阶段：

1）清理根集（G1RootProcessor::evacuate_roots）；

2）处理 RSet（G1RemSet::oops_into_collection_set_do）；

3）对象复制（G1ParEvacuateFollowersClosure::do_void）。

11.2.2 清理根集

第一阶段是清理根集。第 10 章提到 HotSpot VM 很多地方都属于 GC Root，
G1ParTask 的 evacuate_roots() 会从这些 GC Root 出发寻找存活对象。以线程栈为例，
G1 会扫描虚拟机所有 JavaThread 和 VMThread 的线程栈中的每一个栈帧，找到其中的
对象引用，并对它们应用 G1ParCopyClosure，如代码清单 11-3 所示：

代码清单 11-3　G1ParCopyClosure

```
void G1ParCopyClosure<barrier, do_mark_object>::do_oop_work(T* p) {
    ...
    oop obj = CompressedOops::decode_not_null(heap_oop);
    const InCSetState state = _g1h->in_cset_state(obj);
    // 如果对象属于 CSet
    if (state.is_in_cset()) {
        oop forwardee;
        markOop m = obj->mark_raw();
        if (m->is_marked()) {    // 如果已经复制过则直接返回复制后的新地址
            forwardee = (oop) m->decode_pointer();
        } else {                 // 将它复制到 Survivor Region, 返回新地址
            forwardee = _par_scan_state->copy_to_survivor_space(...);
        }
        // 修改根集中指向该对象的引用, 指向 Survivor 中复制后的对象
        RawAccess<IS_NOT_NULL>::oop_store(p, forwardee);
        ...
    } else {
    ...
    }
}
```

清理根集的核心代码是 copy_to_survivor_space，它将 Eden Region 中年龄小于 15
的对象移动到 Survivor Region，年龄大于等于 15 的对象移动到 Old Region。之前根
集中的引用指向 Eden Region 对象，对这些引用应用 G1ParCopyClosure 之后，Eden
Region 的对象会被复制到 Survivor Region，所以根集的引用也需要相应改变指向，如
图 11-3 所示。

copy_to_survivor_space 在移动对象后还会用 G1ScanEvacuatedObjClosure 处理对

象的成员，如果成员也属于 CSet，则将它们放入一个 G1ParScanThreadState 队列，等待第三阶段将它们复制到 Survivor Region。总结来说，第一阶段会将根集直接可达的对象复制到 Survivor Region，并将这些对象的成员放入队列，然后更新根集指向。

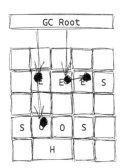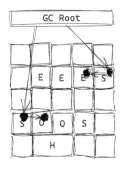

图 11-3　清理根集

11.2.3　处理 RSet

第一阶段标记了从 GC Root 到 Eden Region 的对象，对于从 Old Region 到 Eden Region 的对象，则需要借助 RSet，这一步由 G1ParTask 的 G1RemSet::oops_into_collection_set_do 完成，它包括更新 RSet（update_rem_set）和扫描 RSet（scan_rem_set）两个过程。scan_rem_set 遍历 CSet 中的所有 Region，找到引用者并将其作为起点开始标记存活对象。

11.2.4　对象复制

经过前面的步骤后，YGC 发现的所有存活对象都会位于 G1ParScanThreadState 队列。对象复制负责将队列中的所有存活对象复制到 Survivor Region 或者晋升到 Old Region，如代码清单 11-4 所示：

代码清单 11-4　对象复制

```
template <class T> void G1ParScanThreadState::do_oop_evac(T* p) {
    // 只复制位于 CSet 的存活对象
    oop obj = RawAccess<IS_NOT_NULL>::oop_load(p);
    const InCSetState in_cset_state = _g1h->in_cset_state(obj);
    if (!in_cset_state.is_in_cset()) {
        return;
    }
    // 将对象复制到 Survivor Region (或晋升到 Old Region)
```

```
        markOop m = obj->mark_raw();
        if (m->is_marked()) {
            obj = (oop) m->decode_pointer();
        } else {
            obj = copy_to_survivor_space(in_cset_state, obj, m);
        }
        RawAccess<IS_NOT_NULL>::oop_store(p, obj);
        // 如果复制后的 Region 和复制前的 Region 相同，直接返回
        if (HeapRegion::is_in_same_region(p, obj)) {
            return;
        }
        // 如果复制前 Region 是老年代，现在复制到 Survivor/Old Region，
        // 则会产生跨代引用，需要更新 RSet
        HeapRegion* from = _g1h->heap_region_containing(p);
        if (!from->is_young()) {
            enqueue_card_if_tracked(p, obj);
        }
    }
```

对象复制是 YGC 的最后一步，在这之后新生代所有存活对象都被移动到 Survivor Region 或者晋升到 Old Region，之前的 Eden 空间可以被回收（Reclaim）。另外，YGC 复制算法相当于做了一次堆碎片的清理工作，如整理 Eden Region 可能存在的碎片。

11.3 Mixed GC

Mixed GC（混合回收）是 G1 独有的回收策略，它与 YGC 的回收策略的区别如下：

❏ YGC：选定所有 Eden Region 放入 CSet，使用多线程复制算法将 CSet 的存活对象复制到 Survivor Region 或者晋升到 Old Region。

❏ Mixed GC：选定所有 Eden Region 和全局并发标记计算得到的收益较高的部分 Old Region 放入 CSet，使用多线程复制算法将 CSet 的存活对象复制到 Survivor Region 或者晋升到 Old Region。

相比于 YGC，Mixed GC 增加了全局并发标记过程，它能够回收部分 Old Region，不会再出现在 CMS GC 中老年代出现的碎片化问题，因为当老年代被加入 CSet 后，G1 会使用和 YGC 一样的复制算法整理空间。Mixed GC 的回收过程如图 11-4 所示。

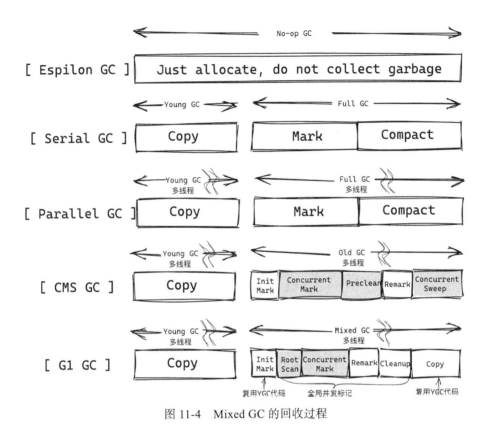

图 11-4　Mixed GC 的回收过程

总结来说，Mixed GC 回收周期包括全局并发标记和复制存活对象，其中复制存活对象这一步完全复用 YGC 代码。

11.3.1　SATB

谈并发垃圾回收算法必然绕不过对象丢失问题。第 10 章提到过，在并发标记过程中，只要满足两个条件就会造成对象丢失，解决方案通常有增量更新技术和 SATB。CMS GC 使用增量更新技术破坏第一个条件来解决对象丢失问题，而 G1 使用 SATB 破坏第二个条件来解决对象丢失问题。

SATB 会在 GC 开始时为对象关系打下一个快照，除了快照中存活的对象和 GC 过程中分配的新对象外，其他都是死亡对象。SATB 的快照和 GC 期间新分配的对象由 TAMS 实现。TAMS（Top At Mark Start）是一个指针，每个 Region 包括 Bottom、End、Top、PrevTAMS 和 NextTAMS 指针，如图 11-5 所示。

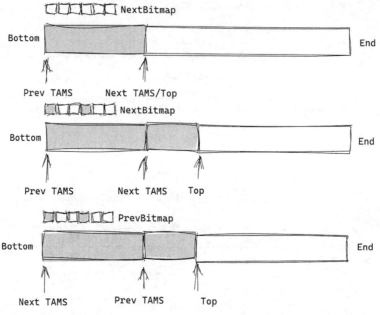

图 11-5 Region 的 Bottom、End、Top、PrevTAMS 和 NextTAMS 指针

当第 *N*-1 次并发标记开始时将 Region 的 Top 指针赋值给 NextTAMS，标记期间如果 Mutator 线程分配新对象则移动 Top 指针，最终标记期间所有新分配的对象都位于 NextTAMS 与 Top 之间，SATB 会将这些对象都标记为存活对象。并发标记完成后会将 PrevTAMS 指针移动到 NextTAMS，重置 NextTAMS 与 Bottom。第 *N* 次并发标记开始时将 Bottom 到 PrevTAMS 之间的存活对象当作快照，此时快照中的存活对象在第 *N* 次并发标记结束后也应该保持存活。

TAMS 为并发标记创建了快照，便于后续进行新对象分配，但是它不能解决并发标记期间 Mutator 线程造成的对象丢失问题（见 10.5.2 节），这样会破坏快照的完整性，为此 G1 使用 SATB 写屏障捕获所有对象修改，如代码清单 11-5 所示：

代码清单 11-5 SATB 写屏障

```
JRT_LEAF(void,G1BarrierSetRuntime::write_ref_field_pre_entry(..))
    G1ThreadLocalData::satb_mark_queue(thread).enqueue(orig);
JRT_END

class STABMarkQueue: public PrtQueue {
    void enqueue(void* ptr) {
```

```
        // 如果不是并发标记阶段，SATB 写屏障不会将对象记录到 SATBMarkQueue
        if (!_active) return; // _active 只在并发标记阶段才为 true
        else enqueue_known_active(ptr);
    }
    ...
};
```

SATB 写屏障只是将所有引用关系发生修改的对象放入线程独有的 SATBMark Queue 中。在 SATBMarkQueue 内部维护了一个 buffer，如果 buffer 满了则将当前 SATBMark Queue 放 入 一 个 全 局 的 SATBMarkQueueSet 中，然 后 为 当 前 SATBMarkQueue 重 新分配 buffer。根据算法的实现原理，这些放入 SATBMarkQueue 的对象应该被标 记，但 SATB 写屏障代码没有这么做，这是为了减小写屏障对 Mutator 线程性能的 影响，SATB 写屏障只是简单做记录，实际的标记工作是在全局并发标记过程中完 成的。

11.3.2　全局并发标记

全局并发标记一般分为 5 步，具体内容如下。

1. 初始标记

初始标记是全局并发标记的第一阶段，是一个 STW 的过程，这一步会扫描 GC Root 直接可达的对象，并把它们复制到 Survivor Region，该过程与 YGC 高度一致，所以 G1 完全复用了 YGC 的代码。也就是说，do_collection_pause_at_safepoint() 可以 同时完成 YGC 和 Mixed GC 全局并发标记第一阶段这两件事情。

do_collection_pause_at_safepoint() 如果发现这次回收策略是 Mixed GC，则会在 G1ParTask 的执行前后分别调用 G1ConcurrentMark::pre_initial_mark 和 G1Concurrent Mark::post_initial_mark。前者将 NextTAMS 设置为 top 指针，为并发标记快照做好准 备；后者通知根 Region 扫描准备就绪。do_collection_pause_at_safepoint() 会在最后将 全局并发标记设置为 started。

2. 根 Region 扫描

全局并发标记的大部分过程由 G1ConcurrentMarkThread 在后台完成，如代码清 单 11-6 所示：

代码清单 11-6　G1ConcurrentMarkThread::run_service

```
void G1ConcurrentMarkThread::run_service() {
    ...
    while (!should_terminate()) {
        // 睡眠，直到条件满足，醒来后进行全局并发标记
        sleep_before_next_cycle();
        if (should_terminate()) {
            break;
        }
        // 根 Region 扫描
        _cm->scan_root_regions();
        for (uint iter = 1; !_cm->has_aborted(); ++iter) {
            // 并发标记
            _cm->mark_from_roots();
            if (_cm->has_aborted()) break;
            ...
            if (_cm->has_aborted()) break;
            // STW 重新标记
            CMRemark cl(_cm);
            VM_G1Concurrent op(&cl, "Pause Remark");
            VMThread::execute(&op);
            if (_cm->has_aborted()) break;
            ...
        }
        ...
        // STW 清理
        if (!_cm->has_aborted()) {
            CMCleanup cl_cl(_cm);
            VM_G1Concurrent op(&cl_cl, "Pause Cleanup");
            VMThread::execute(&op);
        }
        ...
    }
}
```

sleep_before_next_cycle() 只会在条件满足时醒来，而条件就是 started 标志，该标记会在第一阶段初始标记结束时设置，所以初始标记后紧接着 G1ConcurrentMark 线程就会醒来进行全局并发标记。

作为全局并发标记的第二阶段，根 Region 扫描（scan_root_regions()）是一个并发过程，它将 G1CMRootRegionScanTask 投递给线程执行。第一阶段初始标记完成后，Eden Region 存活对象已经被晋升或者复制到 Survivor Region。根 Region 扫描将会以 Survivor Region 中的存活对象作为根，扫描被它们引用的对象，并在 NextBitmap

标记。

3. 并发标记

全局并发标记的第三阶段是并发标记，并发标记期间可以发生很多次 YGC。G1 投递 G1CMConcurrentMarkingTask 任务等待线程组执行，该任务又会进一步调用 G1CMTask::do_marking_step，这是并发标记的实际实现。

在并发标记期间，Mutator 线程可以修改对象引用，这些被修改的对象会被放入 SATBMarkQueue，do_marking_step 找到位于 SATBMarkQueue 的对象后将它们标记为灰色，这样可以让这些对象被进一步扫描，从而解决引用修改导致的对象丢失问题。

另外，由于根 Region 扫描阶段只是将 Survivor Region 的存活对象当作根处理，这些对象的成员仍然是白色对象，所以 do_marking_step 也会处理它们。

4. 重新标记

重新标记与并发标记非常相似，事实上它们共用代码：重新标记投递 G1CM RemarkTask 给线程组执行。G1CMRemarkTask 也是调用 G1CMTask::do_marking_step 完成的。

do_marking_step 有一个参数 time_target_ms，表示目标清理时间，如果超过这个时间，do_marking_step 会终止执行。初始标记传递给 do_maring_step 的目标清理时间是 10ms（由参数 -XX:G1ConcMarkStepDurationMillis 指定），表示并发标记在 10ms 内完成，超过时间会中断，而重新标记传递的目标清理时间约 11 天（1000000000.0ms），表示无论如何，重新标记都会完成。

GC 如果想要结束标记阶段，需要满足两个条件：第一个是处理完 Survivor Region 的所有存活对象和它们的成员，第二个是处理完位于 SATBMarkQueue 中的所有引用更改产生的灰色对象及其成员。由于标记前打过快照，Survivor Region 的存活对象不会增长，所以第一个条件很容易满足，但是如果没有一个 STW 步骤，第二个条件将永远无法满足，因为在 Mutator 线程和 GC 线程并发期间，Mutator 线程可能会不断修改对象引用，所以需要重新标记：重新标记是一个 STW 过程，在这个过程中 Mutator 线程停止，GC 线程处理 SATBMarkQueue 中剩余的对象。

5. 清理

全局并发标记的最后一步是清理，这也是一个 STW 过程。G1 投递 VM_G1Con-current 给线程组，这是一个 VM_Operation，最终会被 VMThread 消费并促使所有线程到达安全点，然后 G1 投递 CMCleanup 任务给线程组，该任务最终调用 G1Concurrent Mark::cleanup 进行清理工作。cleanup 会重置一些数据结构，如果发现 Humongous Region 有很大的 RSet 则会将其清理掉。

至此，并发标记的工作就完成了，cleanup 调用 record_concurrent_mark_cleanup_ end 告知下一次 YGC 需要清理新生代和部分老年代，还会设置 CollectionSetChooser，选择老年代中存活对象较少的 Region，为后期 YGC 的 CSet 选择做好准备。

11.3.3 对象复制

对象复制过程又叫作 Evacuation，是一个 STW 过程。这一步会复用 YGC 的代码，只是正常 YGC 的 CSet 只选择 Young Region，而 Mixed GC 复用 YGC 代码，在创建 CSet 时会选择所有 Young Region 和部分收益较高的 Old Region，将 CSet 中的存活对象复制到 Survivor Region，然后回收原来的 Region 空间。

11.4 Full GC

在设计 G1 时会极力避免 Full GC（以下简称 FGC），但是总有一些特殊情况，如果当前并发回收的速度跟不上对象分配的速度，那么需要 G1 启动后备方案进行 FGC。早期 G1 的 FGC 使用单线程的标记整理算法，后来为了充分发挥多核处理器的优势，JEP 307 提案为 G1 的 FGC 设计了多线程标记整理算法，此时多线程的 FGC 的线程数量可以由 -XX:ParallelGCThreads 控制。

G1 的多线程 FGC 与 Parallel GC 的 FGC 类似，是一个全局 STW 的过程，G1 使用线程组完成垃圾回收工作，整个阶段都不允许 Mutator 线程运行。FGC 的实现位于 G1FullCollector::collect()，如代码清单 11-7 所示：

代码清单 11-7　G1 FGC

```
void G1FullCollector::collect() {
    phase1_mark_live_objects();
    phase2_prepare_compaction();
```

```
    phase3_adjust_pointers();
    phase4_do_compaction();
}
```

正如之前所说，FGC 是一个标准的标记整理算法，每个步骤提交任务给线程池，使用多线程完成，尽量减少 STW 时间。触发 FGC 的场景有很多，举例如下：

❑ Mixed GC 中如果老年代回收的速度小于对象分配或晋升的速度，会触发 FGC；
❑ YGC 最后会移动存活对象到其他分区，如果此时发现没有能容纳存活对象的 Region，会触发 FGC；
❑ 如果没有足够的 Region 容纳下 Humongous 对象，会触发 FGC；
❑ 应用程序调用 System.gc() 也会触发 FGC。

由于 FGC 的全局 STW 性，如果频繁发生 FGC 是比较糟糕的信号，它暗示应用程序的特性与当前的 G1 参数配置不能良好契合，需要开发者找到问题并进一步调优处理。

11.5　字符串去重

如果读者对虚拟机进行过 Heap Dump（-XX:+HeapDumpOnOutOfMemoryError 或者 jmap 触发）操作，会观察到 Java 堆中占比最大的通常是一些 byte[] 对象，这些 byte[] 对象又通常是 String 的成员，即字符串对象在 Java 堆中占据极大比重，如果能发现重复的字符串并消除它们，会节省很大一部分内存。可以手动调用 String.intern() 消除重复的字符串，但这需要开发者了解哪些字符串可能发生重复，也可以使用 G1 的新特性自动完成字符串去重。

G1 的 YGC 和 FGC 都可以触发字符串去重，只需要开启 -XX:+UseStringDeduplication。在 YGC 的 copy_to_survivor() 过程中如果发现开启了自动去重选项，G1 会调用 G1StringDedup::enqueue_from_evacuation() 自动发现可以去重的字符串，如代码清单 11-8 所示：

代码清单 11-8　选择重复字符串

```
bool G1StringDedup::is_candidate_from_evacuation(...) {
```

```
        // 如果对象在 Eden Region，并且类型是 java.lang.String
        if (from_young && java_lang_String::is_instance_inlined(obj)) {
            // 如果对象将要复制到 Survivor Region，并且年龄小于阈值
            if (to_young && obj->age() == StringDeduplicationAgeThreshold) {
                return true; // 作为候选项加入 G1StringDedupQueue
            }
            // 如果对象将要晋升到 Old Region，并且年龄小于阈值
            if (!to_young && obj->age() < StringDeduplicationAgeThreshold) {
                return true; // 作为候选项加入 G1StringDedupQueue
            }
        }
        return false;
    }
    void G1StringDedup::enqueue_from_evacuation(...) {
        if (is_candidate_from_evacuation(...)) {
            G1StringDedupQueue::push(worker_id, java_string);
        }
    }
```

G1 将所有存活对象从 Eden 复制到 Survivor Region，所有从 Eden 晋升到 Old Region 并且年龄小于 -XX:StringDeduplicationAgeThreshold 的对象都会被放入 G1StringDedup Queue 等待字符串去重线程处理。字符串去重线程即 StringDedupThread，它在发现队列中存在去重候选项后会弹出对象，然后调用 StringDedupTable::deduplicate，如代码清单 11-9 所示：

代码清单 11-9　StringDedupTable::deduplicate

```
void StringDedupTable::deduplicate(...) {
    // 如果 java.lang.String 的 value 字段为空，那么不处理
    typeArrayOop value = java_lang_String::value(java_string);
    if (value == NULL) {
        stat->inc_skipped();
        return;
    }
    ...
    // 根据新对象的 hash 查找已有对象
    typeArrayOop existing_value = lookup_or_add(value, latin1, hash);
    // 如果新对象和已有对象是同一个，那么不处理
    if (oopDesc::equals_raw(existing_value, value)) {
        stat->inc_known();
        return;
    }
    ... // 如果是不同对象，但是包含的字符串相同，则处理它
    if (existing_value != NULL) {
        java_lang_String::set_value(java_string, existing_value);
```

```
        stat->deduped(value, size_in_bytes);
    }
}
```

11.6　本章小结

11.1 节简单介绍了 G1 的基本概念及其垃圾回收策略。11.2 节详细讨论了 YGC。11.3 节重点讨论了 G1 独有的 Mixed GC，具体回收过程可分为全局并发标记和对象复制过程。其中，全局并发标记选择收益较高的对象，对象复制借用 YGC 的代码将对象复制到新的 Region，然后清理原来的 Region。11.4 节简单讨论了 FGC，在 YGC 或者 FGC 过程中 G1 可以可选地执行字符串去重操作。11.5 节以 YGC 为例介绍了 G1 字符串去重。

推荐阅读